AF314931

UNE PREMIÈRE ANNÉE

DE

CALCUL MENTAL

A L'USAGE DES

SALLES D'ASILE

ET DES

CLASSES PRÉPARATOIRES DES ÉCOLES PRIMAIRES

PAR Ch. FLEURIOT

Ancien Maître adjoint à l'École normale

INSTITUTEUR A PARIS

CHARLEVILLE
Édouard JOLLY, Libraire - Éditeur
GRANDE PLACE ET RUE DU MOULIN

PARIS
Librairie HACHETTE et Cie
79, BOULEVARD SAINT-GERMAIN

AVERTISSEMENT

On s'est beaucoup occupé dans ces derniers temps d'améliorer les méthodes d'enseignement du calcul dans les écoles primaires. Des progrès assez satisfaisants ont déjà été réalisés ; mais il reste encore, surtout dans les procédés appliqués aux plus jeunes enfants, bien des réformes à opérer.

Comment s'y prend-on, en effet, dans beaucoup d'écoles, pour apprendre à compter aux enfants de 5 à 6 ans ? On leur fait répéter les premiers nombres jusqu'à 10, jusqu'à 100 ; on est heureux lorsqu'ils arrivent à 1,000 sans encombre ; on leur fait tracer des chiffres, lire et écrire des nombres, puis on passe à l'addition, à la soustraction et ainsi de suite.

Dans quelques écoles, on fait compter des objets matériels ; c'est déjà mieux, pourvu qu'on n'abuse pas de ce moyen. Mais l'enseignement n'en reste pas moins défectueux si l'on ne s'applique pas à donner aux enfants l'*idée* du nombre qu'ils emploient ; si dès les premiers jours, on ne les exerce à la pratique des 4 opérations ; si, enfin, on ne fait que charger leur mémoire sans exercer leur intelligence.

Une pratique déjà longue de l'enseignement nous a permis d'expérimenter bien des fois les procédés que nous indiquons ici et d'en constater les excellents résultats. Ces procédés nous semblent même si naturels que nous n'aurions peut-être jamais eu l'idée de les écrire et encore moins de les publier si nous n'y avions été sollicité par un grand nombre d'instituteurs nos anciens élèves. Nous offririons ce travail avec moins de confiance au jugement de nos collègues si nous n'avions reçu les conseils si compétents de Monsieur Carré, l'excellent Inspecteur d'Académie des Ardennes.

OBSERVATIONS GÉNÉRALES

Le maître devra toujours s'attacher à donner aux enfants l'idée des nombres, non-seulement en les leur montrant au moyen d'objets matériels, mais encore en les décomposant, en les reformant de toutes les manières possibles au moyen de l'emploi simultané des 4 opérations. Il aura toujours sous la main une quantité suffisante de petits objets : bûchettes, crayons, boutons..., etc. Toutefois il devra éviter l'extrême où l'on tombe trop souvent depuis qu'on a commencé à réagir contre les procédés trop abstraits signalés plus haut. Le remède serait pire que le mal. N'avons-nous pas vu tous, en effet, quelles difficultés on éprouve avec les enfants devenus trop habiles à compter sur leurs doigts.

Sans doute, il est utile de parler aux yeux ; mais il faut aussi et surtout parler à l'intelligence ; et il serait dangereux de croire comme le prétendent certains novateurs, que « rien n'arrive à l'intelligence sans passer par les sens. »

Les premiers exercices sur un nombre seront faits d'abord à l'aide d'objets que le maître, où mieux, l'élève, tient à la main ; on calculera ensuite sur des unités concrètes, mais qui ne sont pas présentes, pour arriver enfin à des nombres abstraits. On n'a plus ensuite recours aux objets matériels que si l'on s'aperçoit que l'enfant a perdu l'idée du nombre en question ou s'il hésite à donner le résultat demandé.

Il est facile de ménager les transitions entre ces 3 séries d'exercices. Au lieu de supprimer tout d'un coup les objets matériels, on fera bien de laisser encore quelque temps sous les yeux des enfants le nombre qui fait l'objet de la leçon représenté par des traits, au tableau noir ou des boules du boulier, ou enfin de toute autre manière.

S'il s'agit, par exemple, du nombre 6, la vue de ces 6 traits ou de ces 6 boules, aide l'enfant qui les sépare, les réunit dans sa pensée, comme il le faisait matériellement dans les exercices précédents.

Les 4 opérations seront enseignées simultanément. Pourquoi les séparer ? Quand l'enfant sait que 4 et 5 font 9, ne sait-il pas en même temps que, si de 9 j'ôte 5 il me reste 4, et que si j'en ôte 4 il reste 5 ?... S'il sait que 4 fois 3 font 12, ne sait-il pas que le quart de 12 est 3?... Les fractions à termes simples sont étudiées en même temps. — Le maître aura donc aussi à sa disposition des unités — des bûchettes qu'on partage en 2, — 3, — 4 — parties égales, faciles à séparer et à réunir. Dans le calcul mental, aucune opération n'est plus difficile que les autres; les difficultés ne viennent que de la grandeur des nombres sur lesquels on opère. C'est seulement d'après cette grandeur que sont gradués nos exercices.

Pour plus de clarté dans l'exposition, les 4 opérations sont séparées dans chaque leçon ; mais il est évident que le maître suivra un ordre plus naturel. Il vient, par exemple, de faire dire à un enfant : — J'avais 4 billes, j'en ai gagné 5, j'en ai maintenant 9 ; — il dira à un autre : vous avez 9 billes, vous en perdez 6, il vous en reste ...? Et si vous en aviez perdu 4?... — Un enfant vient de dire que 4 mètres d'étoffe à 3 francs le mètre coûtent 12 francs ; on demande à un autre: 4 mètres d'étoffe ont coûté 12 francs, à combien revient le mètre?... etc.; le mètre d'étoffe vaut 3 francs, combien en aurais-je de mètres pour 12 francs ?... etc.

Il est bien évident que le maître ne se contentera pas des exercices proposés ci-après. Chaque question est un type qui doit servir de modèle à d'autres offrant un calcul semblable à faire sur des unités d'un autre nom.

Dans les écoles qui n'ont qu'un maître, un moniteur bien dressé fera facilement à l'aide de ces exercices des leçons fort convenables.

Pour une raison de clarté, on s'est servi de chiffres dans le texte de ces leçons; mais on se gardera bien d'en faire usage dans les exercices. Il faut même faire en sorte que les enfants en calculant ne pensent jamais aux chiffres. On s'en assurera en leur faisant rendre compte de la marche qu'ils ont suivie pour arriver au résultat.

Il serait même à désirer que l'on fît cette première année d'étude avant .de commencer la numération écrite. Mais, malgré l'excellence des résultats qu'on retirerait de ce procédé, nous n'oserions le conseiller aux instituteurs qui ont à ménager tant de préjugés et de routine.

Nos leçons auront donc lieu simultanément avec les leçons de calcul écrit ; mais elles en seront parfaitement distinctes.

UNE PREMIÈRE ANNÉE

DE

CALCUL MENTAL

UN

Le maître, montrant, par exemple, 1 crayon : Qu'est-ce que cela? — 1 crayon.

Et cela?... — 1 bouton.

Tracez 1 trait au tableau. — Levez 1 doigt. — Combien y a-t-il de poêles dans la classe?

Combien d'églises dans le village? etc., etc.

DEUX

Le maître : Prenez 1 crayon. — Encore 1; vous en avez maintenant 2.

Tracez 1 trait au tableau. — Encore 1 ; il y en a?...

Ainsi 1 crayon et 1 crayon font?...

1 trait et 1 trait font?. .

Qu'est-ce donc que 2 crayons? — 2 traits?

Tracez 2 traits; — Levez 2 doigts.
Combien avez-vous de pieds? de mains, etc.
Vous avez 1 pomme; on vous en donne 1; vous en avez?

Voilà 2 crayons; je vous en donne 1; il m'en reste?
Vous avez 2 gâteaux; vous en mangez 1; il vous en reste?...
Jules a 2 billes et Paul 1; qui en a le plus? combien de plus?
Vous n'avez que 1 sou pour acheter 1 toupie qui coûte 2 sous. Combien vous manque-t-il?
Vous aviez 2 billes en commençant de jouer. Vous n'en avez plus que 1. Combien en avez-vous perdu?

Prenez 1 crayon dans chaque main; combien en avez-vous?
Si vous achetez 2 gâteaux d'un sou, combien devez-vous payer?
Prenez 2 crayons; partagez-les avec Jules; vous en avez chacun?...
Vous avez 2 pommes pour votre frère et pour vous. Chacun en aura?...

Quand on partage une chose en 2 parties égales, chacune de ces parties s'appelle 1 demi ou 1 moitié de cette chose.
Tracez une ligne au tableau. Montrez-en la moitié.

Il s'agit maintenant de passer de ces exercices sur des nombres concrets à des exercices semblables sur des nombres abstraits. Un instituteur intelligent ne manquera pas de moyens de transition.

Il peut dire, par exemple :

1 crayon et 1 crayon font ?... 1 plume et 1 plume ?... 1 chose quelconque et 1 chose pareille font 2 de ces choses. Quand on ne veut pas se donner la peine de dire le nom des choses que l'on compte, on les appelle toutes *unité*, comme on appelle *arbre* un pommier, un poirier et autres, dont on ne sait ou dont on ne veut dire le nom.

Ainsi une *unité* c'est *une seule chose.*

1 unité avec 1 unité semblable font 2 unités. Et même au lieu de dire 1 unité, 2 unités, on dit seulement 1, 2, c'est plus court.

Ainsi 1 et 1 font ?...

De 2, j'ôte 1, il reste ?...

2 fois 1 font ?...

La moitié de 2 est ?...

Il n'est pas nécessaire de faire cette leçon dès la première séance. Elle peut être reportée aussi loin que le maître le jugera convenable, suivant le degré de préparation de ses élèves. Dans ce cas, il supprimera provisoirement les exercices sur les nombres abstraits.

TROIS

Le maître : voilà 2 crayons ; prenez-en encore 1. Maintenant vous en avez 3.

Ainsi, 2 crayons et 1 crayon font ?...

Tracez 2 traits ; encore 1 ; cela fait ?...

Prenez 1 crayon ; encore 2 ; vous en avez ?...

Vous avez 2 billes ; vous en gagnez 1 ; vous avez ?

Vous avez 1 bon point ; vous en gagnez 2 ; cela vous en fait ?...

Ainsi, 2 et 1 font... 1 et 2...

Qu'est-ce donc que 3 ?...

    3, c'est 2 et 1. Ecrivez.......... || . |

    ou bien 1 et 2. Ecrivez.......... | . ||

Prenez 3 crayons. Donnez-m'en 1. Il vous en reste ?... Et si vous m'en donnez 2?...

Tracez 3 traits. Effacez-en 1, 2. Il en reste ?...

Vous aviez 3 pages à écrire. Vous en avez déjà fait 1 ; vous en avez encore?...

Et si vous en aviez fait 2 ?...

Vous avez 3 billes ; Jules en a 2. Qui en a le plus ?... Combien de plus?...

Il est 1 heure. Dans combien de temps sera-t-il 3 heures ?...

Ainsi, de 3 j'ôte 1, il reste?... J'ôte 2, il reste ?...

Jules et ses 2 voisins vont prendre chacun 1 crayon. Combien en auront-ils ensemble ?...

Vous achetez 3 gâteaux d'un sou ; combien devez-vous payer ?...

Vous avez 3 billes ; vous en donnez 1 à chacun de vos 2 frères ; il vous en reste ?...

Voilà 3 crayons à partager entre vos 2 voisins et vous. Combien en aurez-vous chacun?...

Vous écrivez 1 page dans 1 heure. Combien mettrez-vous de temps à faire 3 pages ?...

Vous avez 3 pommes à partager entre 2. Combien en aurez-vous chacun ?

Vous écrivez 2 pages dans 1 heure. Combien de temps à écrire 3 pages?...

Quand on partage une chose en 3 parties égales, chacune des parties s'appelle 1 *tiers* de cette chose.

Tracez 1 trait au tableau. Montrez en le tiers... les 2 tiers ?...

QUATRE

Le maître : Prenez 3 crayons. Prenez-en encore 1 ; vous en avez maintenant 4.

Tracez 3 traits. Encore 1 ; cela fait?...

Ainsi, 3 crayons et 1 crayon font?...

3 traits et 1 trait ?...

Prenez 2 crayons ; encore 2. Vous en avez ?...

Tracez 1 trait ; encore 3. Cela en fait?...

Vous avez 3 bons points ; vous en gagnez 1 ; vous en avez ?...

Il est 1 heure. Quelle heure sera-t-il dans 3 heures ?...

Ainsi, 3 et 1 font?... 2 et 2?... 1 et 3?...

Qu'est-ce donc que 4?...

4, c'est : 3 et 1. Ecrivez......... | | | . |

       2 et 2.   —   .... | | . | |

       1 et 3.   —   .... | . | | |

Vous avez 4 crayons. Donnez-m'en 1 ; il vous en reste ?..

Si vous voulez m'en donnez 3 ?... 2 ?...

Vous avez 4 francs; vous en dépensez 1; il vous en reste ?...

Si vous en dépensez 2?... 3 ?...

Vous avez 4 pommes et moi une; qui en a le plus?... Combien de plus ?...

Ainsi, de 4, j'ôte 1; il reste ?... J'ôte 3 ?... 2 ?...

Prenez 2 crayons dans chaque main; vous en avez?...

On donne 2 billes pour 1 sou. Combien pour 2 sous?...

Ainsi, 2 fois 2 font?... Ecrivez | | . | |.

Voilà 4 crayons. Partagez-les avec Ernest; vous en avez chacun?...

2 mètres d'étoffe valent 4 francs. Combien vaut 1 mètre?

1 cahier coûte 2 sous. Combien aurais-je de cahiers pour 4 sous ?

Nous avons 4 pommes à partager entre 3. Combien en aurons-nous chacun ?...

J'écris 3 pages en 1 heure. Combien me faudra-t-il de temps pour écrire 4 pages?...

Combien y a-t-il de fois 2 dans 4 ?...

Je partage 4 en 2 ; en 3. J'ai ?...

J'avais 4 billes; j'en ai donné 1 et perdu 2; il m'en reste ?...

J'avais 4 sous; j'ai acheté 4 crayons d'un sou et donné 1 sou à 1 pauvre; il me reste ?...

Quand on partage une chose en 4 parties égales, chaque partie s'appelle 1 *quart* de cette chose.

Tracez une ligne au tableau. Montrez-en le quart..., la moitié..., les 3 quarts...

CINQ

Le maître : Prenez 4 crayons. Prenez-en encore 1 ; vous en aurez 5.

Ainsi, 1 crayon et 4 crayons font ?...

Tracez 4 traits. Encore 1 : il y en a ?...

Prenez 1 crayon. Encore 4 ; vous en avez ?...

Tracez 3 traits. Encore 2 ; il y en a ?...

Levez 2 doigts ; encore 3 ; il y en a ?...

Vous avez 4 billes ; vous en gagnez une ; cela vous en fait ?...

Votre frère a 3 ans et votre sœur 2 ans de plus. Quelle âge a-t-elle ?

Dans une famille, il y a le père, la mère et 3 enfants. Combien de personnes en tout ?

Vous avez gagné 1 bon point hier et 4 aujourd'hui ; cela vous en fait ?...

Ainsi, 4 et 1 font ?... 1 et 4 ?... 3 et 2 ?... 2 et 3 ?...

Qu'est-ce donc que 5 ?...

5, c'est 4 et 1. Ecrivez........... IIII . I
c'est encore 1 et 4.   —   .... I . IIII
ou 3 et 2.   —   .... III . II
ou 2 et 3.   —   .... II . III

Voilà 5 crayons. Donnez m'en 1 ; il en reste ?... Et si vous m'en donnez 4 ?...

Tracez 5 traits. Effacez-en 2 ; il en reste ?... Si vous en effacez 3 ?...

J'ai 4 sous ; combien me manque-t-il pour acheter un timbre-poste de 5 sous ?

Il est 3 heures ; dans combien de temps sera-t-il 5 heures ?

Jules a 2 billes. Ernest 5. Qui en a le plus ?... Combien de plus !...

Ainsi, de 5, j'ôte 1 ; il reste ?... J'ôte 4 ?..., 3 ?..., 2 ?...

Voilà 5 crayons. Prenez-en 2 de chaque. Il en reste ?...

J'achète 2 mètres d'étoffe à 2 francs le mètre ; je donne une pièce de 5 francs. Combien doit-on me rendre ?

Prenez 5 crayons. Partagez-les avec Jules. Vous en aurez chacun ? — 2. — Et il en reste ? — 1.

Si vous partagez ce crayon en 2, chacun aura en tout ?...

J'écris 2 pages en 1 heure. Combien me faut-il de temps pour en faire 5 ?... Et si j'écrivais 3 pages, 2 pages en 1 heure ?...

Ainsi, la moitié de 5 est ?... le tiers ?..., le quart ?...

J'ai 4 billes ; j'en gagne 1, puis j'en perds 2 ; combien en ai-je ?

J'achète un mètre de ruban à 1 franc et 2 mètres à 2 francs l'un. Combien dois-je payer ?

Un broc peut contenir 5 litres ; j'y verse 2 doubles-litres de vin. Est-il plein ? De combien s'en faut-il ?

Quand on partage une chose en 5 parties égales, chaque partie est 1 *cinquième* de cette chose.

Tracez une ligne au tableau. Montrez-en le cinquième... les 2..., 3..., 4 cinquièmes,

---

REMARQUE. — Dans tous les cas d'additions donnés pour exemples, le résultat est toujours le nombre étudié. L'enfant le comprendra bien vite et répondra machinalement. Il faudra donc, pour l'obliger à être attentif, entremêler les exercices de la leçon avec des exercices des leçons précédentes.

SIX

Le maître : Prenez 5 crayons. Prenez-en encore 1. Maintenant, vous en avez 6.

Ainsi 4 crayons et 1 crayon font ?...

Tracez 5 traits. Encore 1 ; cela en fait ?...

Prenez 1 crayon ; encore 5 ; vous en avez ?...

Tracez 2 traits ; encore 4 ; cela en fait ?...

Tracez 4 traits ; encore 2 ; cela en fait ?...

Levez 3 doigts ; encore 3 ; cela en fait ?...

Vous avez eu 5 bons points ce matin et 1 ce soir ; cela vous en fait ?...

Vous aviez 4 billes ; vous en avez gagné 2 ; vous en avez maintenant ?...

Vous êtes en classe 3 heures le matin et 3 heures après-midi. Cela fait en tout ?...

Ainsi, 5 et 1 font ?... 1 et 5 ?... 4 et 2 ?... 2 et 4 ?... 3 et 3 ?...

Qu'est-ce donc que 6 ?...

6, c'est 5 et 1. Ecrivez........ IIIII · I

1 et 5.   —   .... | . |||||
4 et 2.   —   .... |||| . ||
3 et 3.   —   .... ||| . |||

Voilà 6 crayons ; j'en prends 1 ; il en reste ?... Et si j'en prends 5 ?... Si j'en prends 2 ?..., 4 ?..., 3 ?...

Tracez 6 traits ; effacez-en 1..., 5..., 2..., 4..., 3... Il en reste ?...

Vous avez 6 ans ; votre frère 5. Qui est le plus âgé? De combien ?

Vous avez 6 francs; vous en dépensez 2; il vous en reste ?... Si vous en dépensez 4 ?..., 3 ?...

Il est 3 heures. Dans combien de temps sera-t-il 6 heures ?

Ainsi, de 6 j'ôte 1, il reste... Si j'ôte 5 ?..., 2 ?..., 4 ?..., 3 ?...

Prenez 3 crayons dans chaque main. Cela vous en fait ?...

Je veux donner 2 crayons à Ernest, 2 à Jules et 2 à Louis. Il m'en faut?...

Vous écrivez 3 pages en 1 heure. Combien en 2 heures?

Vous achetez 3 cahiers de 2 sous. Combien devez-vous payer ?

Ainsi, 2 fois 3 font ? | 3 fois 3 font?
Ecrivez.. ||| . ||| | Ecrivez || . || . ||

Voilà 6 crayons. Partagez-les avec Jules. Vous en avez chacun ?...

Partagez-les entre vos 2 voisins et vous. Chacun en a?...

Voilà encore 6 crayons. Faites-en des parts de 2 ; combien y en a-t-il ? Faites-en des parts de 3 ; il y en a ?...

2 mètres d'étoffe ont coûté 6 francs. A combien revient le mètre ?

Si le mètre d'étoffe coûte 3 francs ; combien aurai-je de mètres pour 6 francs ?

J'ai une corde de 6 mètres ; je la coupe en 3. Quelle longueur a chaque morceau ?

Combien 6 gants font-ils de paires ?...

Nous sommes 4 pour partager 6 francs. Combien chacun aura-t-il ?... Et si nous étions 5 ?...

J'écris 4 pages dans 1 heure. Combien me faudra-t-il de temps pour écrire 6 pages ?... Et si j'écrivais 5 pages par heure ?...

Ainsi, la moitié de 6 est..., le tiers ?..., le quart ?..., le cinquième ?...

Combien de fois 2, 3, etc., dans 6 ?...

J'ai 2 billes ; j'en gagne 4 et j'en perds 5. Combien en ai-je ?...

J'ai 6 sous ; j'achète une toupie de 2 sous, 1 sou de ficelle et 1 cahier de 2 sous. Combien me reste-t-il ?

J'ai 3 pièces de 2 francs ; j'achète 2 mètres d'étoffe à 3 francs le mètre. Que me reste-t-il ?...

J'ai gagné 4 francs hier et 2 aujourd'hui. J'ai dépensé 2 francs chaque jour. Combien me reste-t-il ?...

J'ai 2 pièces de 2 francs et 1 de 1 franc. Ai-je assez pour acheter 3 litres de liqueur à 2 francs le litre ?...

Quand on partage une chose en 6 parties égales, chaque partie s'appelle 1 *sixième* de cette chose.

2

Tracez une ligne au tableau. Montrez-en 1..., 2...,
3..., 4..., 5 sixièmes ?

Combien y a-t-il de fois 2 sixièmes dans la ligne ?...
2 sixièmes sont donc aussi ? — *le tiers dé la ligne*... Et
3 sixièmes ?...

SEPT

Prenez 6 crayons ; encore 1. Maintenant vous en avez 7.
Ainsi, 6 crayons et 1 crayon font ?...
Tracez 1 trait ; encore 6 ; cela en fait ?...
Levez 5 doigts, encore 2 ; cela en fait ?...
Prenez 2 crayons, encore 5 ; vous en avez ?... Etc., etc.
J'ai 6 bons points ; j'en gagne encore 1. J'en ai ?...
J'ai 1 bille ; j'en gagne 6. Cela m'en fait ?...
J'achète 1 timbre-poste de 5 sous et 1 de 2. Combien
dois-je payer ?

Vous avez 2 pommes et l'on vous en donne 5. Cela vous
en fait ?...

J'ai gagné 4 francs hier et 3 francs aujourd'hui. Combien ai-je gagné en tout ?

Votre petit frère a 3 ans. Quel âge aura-t-il dans 4 ans ?

Ainsi donc 6 et 1 font ?..., 1 et 6 ?..., 5 et 2 ?..., 2 et
5 ?..., 4 et 3 ?..., 3 et 4 ?...

Qu'est-ce donc que 7 ?

7, c'est 6 et 1. Ecrivez...........	IIIIII . I
1 et 6. —	I . IIIIII
5 et 2. —	IIIII . II
2 et 5. —	II . IIIII
4 et 3. —	IIII . III
3 et 4. —	III . IIII

Voilà 7 crayons. Prenez-en 1 ; il en reste ?...

Prenez-en 6 ; il en reste ?...

Tracez 7 traits. Effacez en 2 ; il en reste ?...

Effacez-en 5...

Levez 7 doigts. Fermez-en 3 ; il en reste ?... Fermez-en 4...

J'ai 7 francs ; j'en dépense 1 ; il m'en reste ?... Et si j'en dépense 6 ?...

Il y a 7 jours dans la semaine et 2 jours de congé. Combien de jours de classe ?...

Votre petit frère a 4 ans ; dans combien de temps aura-t-il 7 ans ?

Vous avez 3 billes et Jules 7 ; qui en a le plus ? Combien de plus ?

Ainsi de 7, j'ôte 1 ; il reste ?..., j'ôte 6 ?..., j'ôte 5 ?..., 2 ?..., 3 ?..., 4 ?...

Voilà 7 crayons ; prenez-en 3 de chaque main ; il en reste ?...

Voilà 7 crayons, j'en donne 2 à chacun de vos 2 voisins et à vous. Combien m'en reste-t-il ?...

Vous avez 1 bille ; votre père et votre mère vous en donnent chacun 3. Vous en avez ?...

J'achète 3 toupies de 2 sous et 1 sou de ficelle. Combien dois-je payer ?

Voilà 7 crayons ; partagez-les avec Ernest..., vous en avez chacun ? — 3 et il en reste 1. — Et si vous le partagez en 2 chacun aura en tout ?...

Si vous êtes 3..., 4..., etc., à partager ces 7 crayons, chacun en aura ?...

Vous coupez en 2 parties égales une corde d'une longueur de 7 mètres ; quelle longueur aura chaque morceau ?

J'écris 2 pages en 1 heure. Combien me faudra-t-il de temps pour faire 7 pages ?...

Nous avons 7 pommes à partager entre 3. Combien chacun de nous en aura-il ?

Le mètre d'étoffe vaut 3 francs. Combien en aurai-je pour 7 francs ?

Je coupe en 4 une corde de 7 mètres. Quelle longueur a chaque morceau ?

Et si je la coupe en 5 ?..., en 6 ?...

Je gagne 4 francs par jour. Combien me faut-il de temps pour gagner 7 francs ?

Et si je gagnais 5 francs ?..., 6 ?..., 7 ?...

Ainsi, la moitié de 7 est..., le tiers..., le quart... etc.

J'ai 7 francs ; j'achète une casquette de 2 francs et 1 gilet de 4 francs. Combien me reste-il ?

J'ai 7 billes ; je joue 3 parties et à chaque partie j'en perds 2. Combien m'en reste-il ?

J'avais 7 pages à faire ; j'en écris 2 par heure et j'écris depuis 2 heures. Dans combien de temps aurai-je fini ?

J'avais 4 pommes ; j'en ai mangé 2 et l'on m'en a donné 4. Combien en ai-je ?

Le mètre de drap vaut 7 francs ; j'en achète le quart de 1 mètre. Combien dois-je payer ?... Vous prenez le reste du mètre, combien payez-vous ?

Vous avez 7 sous et moi 3 pièces de 2 sous. Qui a le plus ? Combien de plus ?

Quand on partage une chose en 7 parties égales, chaque partie s'appelle 1 *septième* de cette chose.

Tracez une ligne au tableau. Montrez-en le septième... Montrez 2..., 3..., 4..., 5..., 6 septièmes.

HUIT

Prenez 7 crayons ; encore 1. Maintenant, vous en avez 8.
Ainsi, 7 crayons et 1 crayon font ?...
Tracez 1 trait ; encore 7. Il y en a ?...
Prenez 6 crayons ; encore 2 ; vous en avez ?...
Tracez 2 traits ; encore 6. Cela en fait ?...
Levez 5 doigts ; encore 3. Il y en a ?...
Montrez 3 doigts ; encore 5. Cela en fait ?...
Levez 4 doigts dans chaque main. Cela en fait ?...
Vous avez 7 billes ; vous en gagnez 1. Vous en avez maintenant ?...
Votre frère a 1 pomme, vous 7. Combien en avez-vous ensemble ?
J'ai fait 6 pages hier et 2 ce matin. Combien en tout ?
J'ai une pièce de 5 francs et 3 pièces de 1 franc. Quelle somme ai-je en tout ?
Votre petit frère a 3 ans. Quel âge aura-t-il dans 5 ans ?
Votre père et votre mère vous ont donné chacun 4 sous. Combien en avez-vous ?
Ainsi donc, 7 et 1 font ?..., 1 et 7 ?..., 6 et 2 ?..., 5 et 3 ?..., 3 et 5 ?..., 4 et 4 ?...
Qu'est-ce donc que 8 ?

8, c'est 7 et 1. Ecrivez..........	IIIIIII . I
ou 1 et 7. —	I . IIIIIII
6 et 2. —	IIIIII . II
2 et 6. —	II . IIIIII
5 et 3. —	IIIII . III
3 et 5. —	III . IIIII
4 et 4. —	IIII . IIII

Voilà 8 crayons ; j'en prends 1 ; il en reste ?...
Et si j'en prends 7 ?...

Tracez 8 traits ; effacez-en 2 ; il en reste ?...
Si vous en effacez 6 ?...
Levez 8 doigts ; fermez-en 3 ; il en reste ?...
Fermez-en 5 ; il en reste ?...
Voilà 8 plumes ; je vous en donne 4 ; il m'en reste ?...
Vous vous êtes levé à 8 heures ; votre frère à 7 ; qui s'est levé le plus tôt ?... De combien ?...
J'ai 8 francs et vous 1 ; qui en a le plus ?... Combien de plus ?...
Vous avez 6 ans ; votre frère 8 ; qui est le plus âgé ?... De combien ?...
Il est 2 heures ; dans combien de temps sera-t-il 8 heures ?
J'avais une corde de 8 mètres ; j'en ai coupé 1 morceau de 3 mètres. Quelle est la longueur du reste ?
Et si j'en avais coupé 5 mètres ?
Vous sortez de classe à 4 heures et vous vous couchez à 8 ; combien y a-t-il de temps que vous êtes sortis de classe quand vous vous mettez au lit?
Ainsi donc si j'ôte 1 de 8, il reste ?... Si j'ôte 7 ?..., 2 ?..., 6 ?..., 3 ?..., 5 ?..., 4 ?...

Prenez 4 crayons dans chaque main ; vous en tenez ?
Tracez 2 traits sur une même ligne ; faites 4 lignes semblables ; combien y a-t-il de traits ?
1 mètre d'étoffe coûte 4 francs, combien coûtent 2 mètres de la même étoffe ?
On donne 2 images pour 1 sou. Combien pour 2..., 3..., 4 sous ?...
Combien faut-il de gants pour 2..., 3..., 4 paires ?...
Ainsi 2 fois 4 font ?... Ecrivez : | | | | . | | | |
4 fois 2 font ?... Ecrivez : | | . | | . | | . | |

Voilà 8 crayons. Partageons-les également entre nous 2. Nous en avons chacun...

Faisons 4 parts égales de ces 8 crayons ; chaque part est de ?...

Nous partageons 8 billes entre 2 ; nous avons chacun ?

Si le mètre d'étoffe coûte 2 francs ; combien en aurai-je pour 8 francs ?

Une ouvrière a gagné 8 francs en 4 jours ; combien gagne-t-elle par jour ?

On donne 4 billes pour 1 sou. Combien coûtent 8 billes ?

J'ai acheté 8 mètres de ruban pour 3 francs. Quelle longueur en aurait-on pour 1 franc ?

Je fais 3 pages en 1 heure. Combien me faudra-t-il de temps pour faire 8 pages ?

1 ouvrier a mis 5 heures à faire 1 fossé de 8 mètres. Quelle longueur a-t-il faite en 1 heure ?

Si cet ouvrier en avait creusé 5 mètres dans 1 heure ; combien aurait-il employé de temps à faire les 8 mètres ?

Nous avons 8 francs à partager entre 6....7... Chacun aura ?...

Le mètre de drap vaut 6 francs. Quelle quantité en aurai-je pour 8 francs ?

Et si le mètre vaut 7 francs ?...

Ainsi, combien y a-t-il de fois 2 dans 8 ?... Combien de fois 4 ?...

La moitié de 8 est ?..., le quart ?..., le tiers ?..., le cinquième ?..., le sixième ?..., le septième ?...

J'ai 8 francs ; j'achète 3 mètres d'étoffe à 2 francs le mètre. Combien me reste-t-il ?

J'avais 8 billes ; j'en ai perdu 2 et donné 3. Combien m'en reste-t-il ?

J'ai fait 8 pages en 3 heures. La première heure, j'en ai fait 2. Combien en ai-je fait dans chacune des 2 autres heures ?

J'avais 6 bons points ; j'en ai gagné 4 et perdu 2. Combien en ai-je ?

Après 2 parties où j'ai gagné chaque fois 3 billes, j'en ai 8. Combien en avais-je en entrant au jeu ?

J'ai une pièce de 1 franc, une de 2 et une de 5. Je veux les changer contre des pièces de 2 francs. Combien m'en donnera-t-on ?

Quand on partage une chose en 8 parties égales, chaque partie est le *huitième* de cette chose.

Tracez une ligne au tableau. Montrez-en le huitième..., les 2..., 3..., 4..., 5..., 6..., 7 huitièmes ?

Combien de fois 2 huitièmes dans la ligne ?... 2 huitièmes sont donc ? — le quart de la ligne. Et 4 huitièmes ?

NEUF

Prenez 8 crayons. Encore 2. Vous en avez maintenant 9.

Ainsi 8 crayons et 1 crayon font ?...

Tracez 1 trait. Encore 8 ; il y en a ?...

Prenez 7 crayons. Encore 2 ; vous en avez ?...

Voilà 2 crayons ; prenez-en encore 7. Vous en avez ?...

Tracez 6 traits ; encore 3. Il y en a ?...

Levez 5 doigts ; encore 4. Cela en fait ?...

Vous avez 8 francs. Vous en gagnez 1 ; vous en avez ?...

Jules a 1 bille et vous 8 de plus ; vous en avez ?...

J'ai écrit 7 pages hier et 2 ce matin. Cela fait en tout ?...

Vous avez 2 billes, et Jules en a 7 de plus ; combien en a-t-il ?

Vous avez 6 ans. Quel âge aurez-vous dans 3 ans ?

J'achète pour 3 sous de plumes et pour 6 sous de papier. Combien dois-je payer ?

J'avais 5 billes ; j'en ai gagné 4. J'en ai maintenant ?...

Vous avez 4 francs en argent et 5 francs en or. Cela vous en fait ?...

Ainsi donc 8 et 1 font ?..., 1 et 8 ?..., 7 et 2 ?..., 2 et 7 ?..., etc.

Qu'est-ce donc que 9 ?

9, c'est 8 et 1. Ecrivez......... IIIIIIII · I
. 1 et 8.   —   .... I · IIIIIIII
7 et 2.   —   .... IIIIIII · II
2 et 7.   —   .... II · IIIIIII
6 et 3.   —   .... IIIIII · III

Etc., etc.

Voilà 9 crayons; j'en prends 1; il en reste?... Et si j'en prends 8 ?...

Tracez 9 traits ; effacez-en 2. Il en reste ?... Et si vous en effacez 7 ?...

Levez 9 doigts. Fermez-en 3 ; il en reste ?... Et si vous en fermez 6 ?...

Prenez 9 plumes. Donnez-en 4 à votre voisin ; il vous en reste ?...

Et si vous en donnez 5 ?...

J'avais 9 francs, j'en ai dépensé 1 ; il m'en reste ?... Et si j'en avais dépensé 8 ?...

Jules a 9 billes ; Paul 7. Qui en a le plus ?

Vous avez 9 ans ; votre petit frère 2 ans. De combien est-il moins âgé que vous ?

J'avais 9 pages à écrire ; j'en ai déjà fait 3, il m'en reste ?... Et si j'en avais fait 6 ?...

J'ai 9 billes ; je n'en avais que 5 en commençant le jeu. Combien en ai-je gagné ?

J'ai maintenant 9 bons points ; j'en ai gagné 4 en classe, combien en avais-je en arrivant ?

Ainsi, de 9 j'ôte 1. il reste?..., j'ôte 8?..., j'ôte 7?...,
2?..., 6?..., 3?..., 4?..., 5?...

———

Prenez 3 crayons et donnez-en autant à chacun de vos
2 voisins. Vous en avez ensemble ?...

Ecrivez 3 traits sur une ligne et faites 3 lignes semblables. Combien y a-t-il de traits ?

Voici encore 9 crayons. Prenez-en 4 à chaque main ; il
m'en reste ?...

On donne 3 plumes pour 1 sou ; combien pour 2 sous ?
pour 3 sous ?...

J'ai 9 sous ; j'achète 4 cahiers de 2 sous. Combien me
reste-il ?...

Une ouvrière gagne 3 francs par jour. Combien en 2...
3 jours ?

Ainsi, 3 fois 3 font ? Ecrivez : ||| . ||| . |||

———

Voilà 9 crayons. Faites-en 3 parts égales. Il y en a dans
chacune ?...

Reprenez vos 9 crayons. Faites-en des parts de 3. Combien en ferez-vous ?

Partagez ces 9 crayons en 2 parts ; il y en a dans chacune ?..., et il reste ?...

Faites 4 parts de ces 9 crayons ?

Vous avez 9 pommes à partager entre vos 2 frères et
vous. Chacun en a ?...

Une ouvrière gagne 3 francs par jour. Combien lui
faudra-t-il de jours pour gagner 9 francs ?

On a 2 mètres de ruban pour 1 franc. Combien payera-
t-on pour 9 mètres ?

J'ai mis 4 heures pour faire 9 pages. Combien en ai-je
fait par heure ?

Le mètre d'étoffe coûte 4 francs. Combien en aurai-je pour 9 francs ?

Nous avons 9 francs à partager entre 5. Combien chacun aura-t-il ?

Et si nous étions 6 ?..., 7 ?..., 8 ?..., pour les partager ?

J'écris 5 pages dans 1 heure. Combien me faut-il de temps pour en faire 9 ?

Et si j'écrivais 6..., 7..., huit pages en 1 heure ?

Ainsi le tiers de 9 est ?..., la moitié ?..., le quart ?..., le cinquième ?..., le sixième ?..., etc.

J'ai une pièce de 5 francs et 2 pièces de 2 francs. Combien en tout ?

J'ai 9 francs ; j'achète 1 volume à 3 francs ; avec ce qui me reste j'achète des volumes à 2 francs ; combien en ai-je ?...

J'achète un timbre-poste de 5 sous et 1 de 2 sous ; que me reste-t-il de 9 sous que j'avais ?

J'avais 9 billes ; j'en ai perdu 6 et gagné 4. Combien en ai-je ?

J'achète 3 mètres d'étoffe à 2 francs et 3 mètres à 1 franc. Combien dois-je payer ?

J'écris 2 pages en 1 quart d'heure ; combien dans 1 heure ?

J'ai 9 litres de vin ; j'en vends 5 et j'en bois 2. Combien m'en reste-t-il ?

Une ouvrière est payée à raison de 6 sous l'heure. Combien lui doit-on pour 1 heure 1/2 ?

Il faut 1 demi-mètre d'étoffe pour faire 1 gilet. Combien en fera-t-on avec 4 mètres 1/2 ?

Quand on partage une chose en 9 parties égales, chacune de ces parties s'appelle 1 *neuvième* de cette chose.

Tracez une ligne au tableau. Montrez-en le neuvième ? les 2..., 3..., 4..., 5..., 8 neuvièmes ?...

Combien y a-t-il de fois 3 neuvièmes dans la ligne ? 3 neuvièmes sont donc aussi ?...

DIX

Prenez 9 crayons ; encore 1. Maintenant vous en avez 10.

Ainsi 9 crayons et 1 crayon font ?...

Tracez 9 traits ; encore 1 ; il y en a ?...

Prenez 1 crayon ; encore 9 : vous en avez ?...

Levez 7 doigts ; encore 3 ; cela fait ?...

Tracez 3 traits ; encore 7 ; il y en a ?... Etc., etc.

Vous avez 9 francs ; vous en gagnez 1 ; cela vous en fait ?...

Vous aviez 1 bille ; on vous en a donné 9. Vous en avez maintenant ?...

J'ai acheté pour 8 francs de drap et pour 2 francs de toile. Combien dois-je payer ?

Jules a 2 pommes et Paul huit de plus. Combien Paul a-t-il de pommes ?

1 ouvrier gagne 7 francs par jour et sa femme 3 francs. Combien gagnent-ils ensemble ?

Vous avez écrit 3 pages hier et 7 aujourd'hui. Combien en tout ?

Jules a 6 ans et son frère 4 de plus. Quel est l'âge du frère ?

1 vase qui pèse 4 kilos renferme 6 kilos de beurre. Combien pèse le tout ?

On a 5 doigts dans chaque main. Combien dans les 2 mains ?

Ainsi donc 9 et 1 font ?..., 1 et 9 ?..., 8 et 2 ?..., 2 et 8 ?..., 7 et 3 ?..., 3 et 7 ?..., etc.

Qu'est-ce donc que 10 ?

10, c'est 9 et 1. Ecrivez....... IIIIIIIII · I
1 et 9.　—　....... I · IIIIIIIII
8 et 2.　—　....... IIIIII I · II
2 et 8.　—　....... II · I IIIIII
7 et 3.　—　....... IIIIIII · III
3 et 7.　—　....... III · IIIIIII

Etc., etc.

Prenez 10 crayons. Donnez-m'en 1 ; il vous en reste ?...
Et si vous m'en donnez 9 ?...

Tracez 10 traits. Effacez-en 2 ; il en reste ?...
Et si vous en effacez 8 ?...

Levez 10 doigts ; fermez-en 3 ; il en reste ?...
Et si vous en fermez 7 ?...

Vous êtes 10 au cercle. Si 4 de vous étaient absents ; il en resterait ?...

Et s'il y avait 6 absents ?

Levez 10 doigts ; fermez-en 5 ; il en reste ?...

J'ai 10 francs ; j'en dépense 1 ; il m'en reste ?... Et si j'en dépense 9 ?...

Jules est arrivé à 10 heures et Paul 2 heures plus tôt. A quelle heure ce dernier est-il arrivé ?

Paul a 10 ans et son frère 8 ans de moins. Quel est l'âge du frère ?

Jules a 10 billes et en perd 3 ; il lui en reste ?... Et s'il en perdait 7 ?..., 4 ?..., 6 ?...

Jules a 10 francs ; Ernest 5 ; qui en a le plus ? Combien de plus ?

Ainsi de 10 j'ôte 1, il reste ?..., j'ôte 9 ?..., 2 ?..., 8 ?..., 3 ?..., 7 ?..., 4 ?..., 6 ?..., 5 ?...

Prenez 5 crayons dans chaque main. Vous en avez ?...

Tracez 2 traits sur 1 ligne et faites 5 lignes semblables. Cela en fait ?...

On a 5 doigts dans chaque main. Combien dans les 2 mains ?

Combien de gants dans 5 paires ?

On a 5 plumes pour 1 sou. Combien pour 2 sous ?

1 sou vaut 5 centimes. Combien valent 2 sous ?

Ainsi donc 2 fois 5 font ? Ecrivez : ||||| . |||||

            5 fois 2.............. || . || || . || . ||

Voilà 10 crayons ; partagez-les entre votre camarade et vous. Chacun en a ?...

Voilà encore 10 crayons ; faites-en 5 parts. Chaque part est de ?...

Tracez 5 traits sur une ligne. Combien faut-il de lignes semblables pour faire 10 traits ?

Et si chaque ligne n'avait que 2 traits ?

Nous avons 10 francs à partager entre 2. Chacun en aura ?... Et si nous étions 5 ?

Combien faut-il de pièces de 2 francs pour faire 5 francs ? Et de pièces de 5 francs ?

1 ouvrier a gagné 10 francs en 3 jours. Combien a-t-il gagné par jour ?

J'écris 3 pages par heure ; combien me faudra-t-il d'heures pour écrire 10 pages ?

On a employé 10 mètres d'étoffe pour faire 4 vêtements pareils. Combien a-t-il fallu de mètres pour 1 vêtement ?

J'ai 10 francs pour acheter de l'étoffe à 4 francs le mètre. Combien en aurai-je ?

J'ai 6 arbres à planter sur une allée de 10 mètres. A quelle distance ces arbres seront-ils l'un de l'autre ?

Le kilo de café vaut 6 francs. Combien en aurai-je pour 10 francs ?

Ainsi, la moitié de 10 est..., le cinquième..., le tiers..., le quart..., le sixième..., le septième..., le huitième..., le neuvième ?

J'achète 3 mètres de toile à 3 francs le mètre. Je donne une pièce de 10 francs. Combien doit-on me rendre ?

J'ai 4 pièces de 2 francs. Combien me manque-t-il pour avoir 10 francs ?

J'achète 2 mètres de ruban à 3 francs et 2 mètres à 2 francs le mètre. Combien dois-je payer ?

J'avais 10 billes ; j'en ai perdu 7 et regagné 4. Combien en ai-je ?

J'ai 3 francs ; on me donne 3 pièces de 2 francs, et je dépense 5 francs. Combien me reste-t-il ?

Etc., etc.

Quand on partage une chose en 10 parties égales, chaque partie est 1 *dixième* de cette chose.

Tracez une ligne au tableau. Montrez-en le dixième ? Montrez les 2..., 3..., 4..., 5..., 6..., 7..., 8..., 9 dixièmes ?

Combien y a t-il de fois 2 dixièmes dans la ligne ?... 2 dixièmes sont donc aussi ? — Le cinquième de la ligne. Et 5 dixièmes ?...

La réunion de 10 choses semblables forme une dizaine de ces choses. Ainsi, 10 pommes font une dizaine de pommes. 10 francs une dizaine de francs... etc. Si l'on ne veut pas indiquer le nom des choses, on dit : une dizaine d'unités, ou plus simplement une dizaine.

ONZE

Le maître aura toujours sous la main 1 paquet de 10 bûchettes faciles à séparer et à rassembler ; et dans la représentation des nouveaux nombres qu'il aura à faire étudier, il aura soin de tenir toujours cette dizaine bien séparée des unités; il sera même utile que les enfants la voient comme ils verront plus tard le chiffre des dizaines dans le calcul écrit, c'est-à-dire à leur gauche.

Prenez de la main gauche une dizaine de crayons. Prenez 1 crayon de la main droite; vous en aurez 11.

Ainsi 10 crayons et 1 crayon font?...

Je lève 1 doigt. Levez tous les vôtres; il y en a?...

Tracez 9 traits. Encore 2; cela en fait?...

Prenez 2 crayons; encore 9; vous en avez?... Etc.

Vous avez une pièce de 10 francs et une de 1 franc. Cela vous fait?...

Vous avez 1 sou et une pièce de 10 sous; cela vous fait?...

J'ai 9 billes; j'en gagne 2; j'en ai?...

J'ai acheté 1 cahier de 2 sous et 1 catéchisme de 9 sous. Combien ai-je payé?

Jules a 4 billes dans chaque main et 3 dans sa poche. Il en a en tout?...

Henri a acheté une toupie de 3 sous et un ballon de 8 sous. Combien a-t-il dépensé?

Paul a 7 ans. Quel âge aura-t-il dans 4 ans!

J'ai écrit 4 pages hier et 7 aujourd'hui. Combien en tout?

Henri a reçu 5 pommes de son père et 6 de sa mère; combien en a-t-il?

Votre père est sorti à 6 heures; il est resté 5 heures parti. A quelle heure est-il rentré?

Ainsi donc 10 et 1 font?..., 1 et 10..., 9 et 2..., 2 et 9..., 8 et 3..., 3 et 8..., 7 et 4..., 4 et 7..., etc.

Qu'est-ce donc que 11?

11 c'est d'abord 10 et 1. Ecrivez.... ||||||||| . |

Pour abréger, nous supposerons que le signe X vaut 10 traits, c'est-à-dire une dizaine; alors 11 s'écrira XI.

11, c'est encore 1 et 10. Ecrivez... | . X
   ou bien 9 et 2. — ... ||||||||| . ||
      2 et 9. — ... || . |||||||||
      8 et 3. — ... |||||||| . |||
      3 et 8. — ... ||| . ||||||||
        Etc., etc.

Voilà 11 crayons ; donnez m'en 1 ; il vous en reste ?...
Et si vous m'en donnez 10 ?

Tracez 11 traits. Effacez-en 2. Il en reste ?... Et si vous
en effaciez 9 ?...

Voilà 11 porte-plumes ; donnez-m'en 3 ; il vous en
reste ?... Et si vous m'en donniez 8 ?...

Vous voilà 11 au cercle ; si 4 sortent il en restera ?...
Et s'il en sort 7 ?...

Voilà 11 crayons tant rouges que blancs ; il y en a 6
rouges. Combien de blancs ?... Et s'il y en avait 5 rouges.
Combien de blancs ?...

Henri a 11 ans ; Jules 1 an de moins. Quel est l'âge de
Jules ?...

Paul a 11 ans, Ernest 10 ; qui est le plus âgé. De combien ?...

Vous deviez sortir à 11 heures de la classe. On vous a
renvoyé 2 heures plus tôt ; à quelle heure êtes-vous sorti ?

Jules avait 11 billes ; il en a perdu 2. Combien lui en
reste-t-il ?

J'avais 11 pages à écrire ; j'en ai fait 3. Combien m'en
reste-t-il ?... Et si j'en avais fait 8 ?...

Votre père devait être absent 11 jours ; il est parti
depuis 4 jours. Dans combien de jours reviendra-t-il ? Et
s'il était parti depuis une semaine ?

J'avais 11 francs ; j'ai perdu une pièce de 5 francs.
Combien me reste-t-il ?

J'avais 11 sous ; j'ai achété 3 cahiers de 2 sous. Combien me reste-t-il ?

Ainsi, de 11, j'ôte 1, il reste ?..., j'ôte 10 ?..., 2 ?..., 9..., 3..., 8..., 4..., 7..., 5..., 6 ?.....

Voilà 11 crayons. Partagez-les avec Ernest. Vous en avez chacun ? — 5, et il en reste 1.

Et si vous partagez en 2 celui qui reste ; chacun aura en tout ?...

Avec ces 11 crayons, faites 5 parts égales ; chaque part est de ?... Et il reste !...

Vous partagez celui qui reste en 5 ; chaque part est de...

Reprenez vos 11 crayons. Faites-en 5 parts de 2 ?..., de 5 ?...; combien en faites-vous ? Et il reste ?...

Partagez ces 11 crayons entre vos 2 camarades et vous. chacun en aura ?... Si vous partagez en 3 les 2 qui restent, chacun aura en tout ?...

Faites avec ces 11 crayons, des parts de 3. Vous en faites ?... Il reste ?...

Partagez ces 11 crayons en 4 parts égales. Chaque part est de ?...

On a employé 11 mètres d'étoffe pour faire 5 habits. Combien pour 1 habit ?

J'ai écrit 11 pages en 2 heures. Combien en 1 heure ?

Le mètre d'étoffe coûte 5 francs ; combien aurai-je de mètres pour 11 francs ?

Et si le mètre ne coûtait que 2 francs ?

Jules a gagné 11 francs en 4 jours. Combien gagne-t-il par jour ?

Henri fait 4 pages en 1 heure. Combien lui faut-il de temps pour faire 11 pages ?

Je coupe en 3 parties égales une corde de 11 mètres. Quelle longueur a chaque morceau ?

Un cheval chargé fait 3 kilomètres par heure. Combien de temps mettra-t-il à faire 11 kilomètres.

Ainsi la moitié de 11 est ?..., le tiers..., le quart..., le cinquième..., etc.

J'ai une pièce de 5 francs et 2 pièces de 2 francs. Combien me manque-t-il pour acheter des bottines de 11 fr. ?

J'achète pour 8 sous de billes; j'en revends la moitié pour 5 sous et l'autre moitié pour 5 sous. Quel est mon bénéfice ?

Jules arrive au jeu avec 5 billes ; il fait 2 parties et en gagne 3 à chaque fois. Combien en a-t-il ?

J'avais 10 bons points ce matin ; j'en ai perdu 7 et regagné 4 ; combien en ai-je ?

J'ai gagné aujourd'hui 4 bons points à chaque classe ; j'en ai 11. Combien en avais-je ce matin ?

Jules a 3 pièces de 2 francs et une de 5. Henri a 2 pièces de 5 francs. Qui a le plus ? combien de plus ?

On me donne 11 sous pour passer mon dimanche. J'achète une balle 3 sous. Combien pourrai-je faire de tours de chevaux de bois à 2 sous la partie avec le reste ?

J'ai 11 sous pour acheter des timbres-poste. J'en prends 1 de 5 sous ; combien en aurai-je de 3 sous avec ce qui me reste ?

Quand on partage une chose en 11 parties égales, chaque partie est 1 *onzième* de cette chose.

DOUZE

Prenez 11 crayons, c'est-à-dire une dizaine et... Prenez-en encore 1 ; cela vous en fera 12.

Ainsi, 11 crayons et 1 crayon font...

Prenez une dizaine de crayons ; encore 2 ; il y en a...

Je lève 2 doigts ; levez tous les vôtres ; cela en fait ?...

Tracez 9 traits au tableau ; encore 3 ; cela en fait ?...

Voilà 3 plumes. Prenez encore ces 9 ; vous en avez ?...

Etc., etc.

Il est 11 heures, quelle heure sera-t-il dans 1 heure ?

J'ai 1 franc. On m'en donne 11 ; combien en ai-je ?

Jules a une pièce de 10 francs et une de 2 francs. Cela en fait ?...

J'avais 2 bons points ce matin ; j'en ai gagné 5 à chaque classe d'aujourd'hui. Combien en ai-je ?

Henri a 9 ans ; son frère 3 de plus. Quel âge a celui-ci ?

On entre en classe à 8 heures ; on y reste 4 heures ; à quelle heure sort-on ?

Ernest a 4 billes dans sa poche et 4 dans chaque main ; combien en tout ?

J'avais 7 billes ; j'en ai gagné 5 ; Combien en ai-je maintenant ?

J'ai 6 billes dans chaque main. Combien en tout ?

Ainsi donc, 11 et 1 font..., 1 et 11..., 10 et 2..., 2 et 10..., 9 et 3..., 3 et 9..., 8 et 4..., 4 et 8..., 7 et 5..., 5 et 7..., 6 et 6 ?...

Qu'est-ce donc que 12 ?

12 c'est d'abord 10 et 2. Ecrivez....   X . | |

    ou 2 et 10. — .... | | . X

   c'est aussi 9 et 3. — .... | | | | | | | | | . | | |

     3 et 9. — .... | | | . | | | | | | | | |

Etc., etc.

Voilà 12 crayons ; vous m'en donnez 1 ; il vous en reste ?... Et si vous m'en donniez 11 ?...

Ecrivez 12 traits (X . | |) effacez-en 2 ; il en reste ?... Si vous en effacez 10 ?...

Voilà 12 porte-plume ; donnez-m'en 3 ; il vous en reste ?... Et si vous m'en donnez 9 ?...

Voilà une douzaine de billes ; donnez-en 4 à votre voisin ; il vous en reste ?... Et si vous en donnez 8 ?...

Vous êtes 12 au cercle ; si 5 s'en vont, il en restera?...
Et s'il en sort 7 ?...

Vous êtes 12 sur ces 2 bancs ; 6 sur le premier ; combien sur le second ?

Il est midi. Quelle heure était-il il y a 1 heure ?

J'avais 12 francs ; j'en ai dépensé 11 ; combien m'en reste-t-il?

J'avais une douzaine d'œufs ; j'en ai mangé 2. Il m'en reste ?

Jules a 12 francs ; Ernest a une pièce de 10 francs. Qui a le plus ? Combien de plus ?

Ernest a 12 ans ; son frère 3 ans de moins. Quel âge a le frère ?

Vous aviez 12 billes ; vous en avez perdu 9 ; il vous en reste ?...

En vendant 12 francs une marchandise, je gagne 4 francs ; combien l'avais-je payée?

J'achète une marchandise 8 francs et je la revends 12. Quel est mon bénéfice ?

Jules est sorti à 5 heures et est rentré à midi. Combien de temps est-il resté absent ?

Henri est sorti à 7 heures et est rentré à minuit ; combien de temps est-il resté sorti ?

J'avais 12 billes ; j'en ai donné 6 à mon frère. Combien m'en reste-t-il ?

Ainsi, de 12, j'ôte 1, il reste ?..., si j'ôte 11..., 2...,
10..., 3..., 9..., 4..., 8..., 5..., 7..., 6...

Prenez 6 crayons dans chaque main. Vous en avez ?...

Tracez 2 traits sur une ligne et faites 6 lignes semblables. Il y en a ?...

Prenez 4 crayons et donnez-en autant à chacun de vos 2 voisins. Vous en avez ensemble ?...

Prenez 3 crayons et donnez-en autant à 3 de vos camarades. Vous en avez ensemble ?...

Il y a 6 jours de travail dans une semaine ; combien en 2 semaines ?...

Il y a 2 classes par jour ; combien en 6 jours ?

Le mètre d'étoffe coûte 4 francs. Combien coûtent 3 mètres ?

Le litre d'eau-de-vie coûte 3 francs. Combien coûtent 4 litres ?

Ainsi, 2 fois 6 font.. Ecrivez : | | | | | | . | | | | | |

      6 fois 2.............. | | . | | . | | . | | . | | . | |

      3 fois 4.............. | | | | . | | | | . | | | |

      4 fois 3.............. | | | . | | | . | | | . | | |

Voilà 12 crayons. Partagez-les avec votre voisin ; chacun en a ?...

Reprenez les 12 crayons ; Faites-en 6 parts égales. Chaque part est de ?...

Tracez 2 traits sur une ligne. Combien faut-il de lignes semblables pour avoir 12 traits ?... Et si chaque ligne était de 6 ?...

Partagez les 12 crayons en 3 parts égales. Chacune est de ?...

Si vous en faites 4 parts ?...

Reprenez vos 12 crayons et faites-en des parts de **3**. Il y en a ?...

Et si les parts sont de 4 ?...

Partagez les 12 crayons entre 5. Chacun en a ?...

Nous avons 12 pommes à partager entre 2. Combien pour chacun ?

Et si nous étions 6 à les partager ?

J'écris 2 pages en 1 heure. Combien me faut-il d'heures pour faire 12 pages ?

Et si j'écrivais 6 pages à l'heure ?...

3 mètres d'étoffe ont été payés 12 francs. A combien revient le mètre ?

Jules a gagné 12 francs en 4 jours. Combien gagne-t-il par jour ?

Le mètre d'étoffe coûte 4 francs ; combien aurai-je de mètres pour 12 francs ?

Et si le mètre ne coûtait que 3 francs ?

On a fait 5 morceaux égaux d'une corde de 12 mètres. Quelle est la longueur de chaque morceau ?

Ainsi la moitié de 12 est..., le sixième..., le quart..., le tiers..., le cinquième...

Je sors avec 12 sous ; j'achète 3 sous de pommes, 5 sous de pain ; combien me reste-t-il ?

Je voudrais acheter 3 cahiers de 4 sous et je n'ai qu'une pièce de 10 sous ; combien me manque-t-il ?

J'ai 3 pièces de 4 sous pour acheter des timbres-poste de 3 sous ; combien en aurai-je ?

J'ai 3 billes ; j'en gagne 8, puis j'en perds 5. Combien en ai-je ?

Je fais 2 pages dans 1 quart d'heure. Combien me faut-il de temps pour en faire 12 ?

J'avais 12 oranges. 2 sont gâtées ; je partage les autres avec Jules. Combien chacun de nous en aura-t-il ?

J'ai une pièce de 10 sous et 2 sous. J'achète 2 timbres-poste de 5 sous. Avec ce qui me reste j'achète des billes à 6 pour 1 sou. Combien en ai-je ?

J'ai pour acheter 6 mètres d'étoffe à 2 francs ; combien aurais-je de mètres si l'étoffe coûte 3 francs ? 4 francs ?

Quand on partage une chose en 12 parties égales, chaque partie est 1 *douzième* de cette chose.

Jusqu'à 10, les leçons seront absolument semblables aux 2 dernières. Il est maintenant inutile de les reproduire toutes.

Au-delà de 20, les procédés devront subir quelques modifications. L'enfant commence à se familiariser avec les nombres ; on aura de moins en moins besoin des objets matériels, qu'on peut remplacer de temps en temps par des signes au tableau noir.

A part les produits des 9 premiers nombres 2 à 2, il ne s'agit plus comme précédemment de graver dans la mémoire de l'élève les résultats qu'on lui fait trouver ; il suffit de le mettre en état de les former facilement.

Au lieu donc d'étudier chaque nombre séparément comme on l'a fait pour les 20 premiers, on comprendra dans une même leçon, qu'on développera autant qu'on voudra, tous les nombres compris entre deux collections consécutives de dizaines.

Voici maintenant la gradation à observer et la manière d'opérer dans les exercices qui vont suivre.

ADDITION. — Ajouter : 1° un nombre juste de dizaines à un nombre d'unités : 30 + 6 et 6 + 3.

2° 2 nombres justes de dizaines : 20 + 40.

3° un nombre juste de dizaines à 1 nombre de dizaines et d'unités : 20 + 34 ; 32 + 20.

4° 2 nombres de dizaines et d'unités quand le nombre total d'unités ne surpasse pas 9 : 24 + 32.

5° 2 nombres de dizaines et d'unités quand la somme des unités surpasse 9.

Dans les 4 premiers cas, on n'a qu'à faire rassembler à l'enfant toutes les dizaines d'abord, dans sa main gauche et les unités dans sa main droite ; et il lit le résultat sans difficulté. Si le maître fait lui-même l'opération, il tient les dizaines de la main droite. L'important est que l'enfant s'habitue à voir les dizaines à gauche.

S'il s'agit d'ajouter par exemple 28 à 37, on réunit encore les 5 dizaines dans la main gauche et les 14 unités dans la main droite. Puis on fait remarquer que dans les 14 unités il y a de quoi faire une dizaine, que l'on attache et que l'on réunit aux 5 premières.

Quand un nombre renferme 8 ou 9 unités, on peut l'*arrondir* et rendre l'opération plus facile ; on a, je suppose, 29 et 37. Si on prend une des unités du second nombre pour l'ajouter au premier, on a 30 d'un côté et 36 de l'autre. L'enfant *voit* que le nombre des objets qu'il tient en main est le même et l'opération se fait plus facilement.

Soustraction. — 1° un nombre de dizaines d'un nombre de dizaines et d'unités : 28 — 6 ; 28 — 5.

2° Un nombre juste de dizaines d'un autre nombre juste de dizaines : 50 — 20.

3° Un nombre juste de dizaines de 1 nombre de dizaines et d'unités : 38 — 20.

4° Un nombre de dizaines et d'unités d'un autre nombre de dizaines et d'unités quand le nombre des unités du petit nombre est inférieur au nombre des unités du plus grand : 37 — 24.

5° Un nombre de dizaines et d'unités d'un nombre qui renferme moins d'unités simples que le premier : 43 — 27.

Il n'y a de difficultés que dans ce dernier cas. L'enfant détachera une dizaine et en prendra les unités de la main gauche. Il aura alors, d'un côté 3 dizaines et de l'autre 13 unités. Il déposera 2 dizaines, puis 7 unités, et lira facilement le reste.

Multiplication. — Au point où nous sommes arrivés, les enfants savent déjà former tous les produits qui ne dépassent pas 19. On suivra la même marche pour les produits supérieurs à 20. Seulement, on fera bien de s'en tenir, pour cette première année, aux produits de 2 nombres simples. Si l'on multiplie un nombre de 2 chiffres, ce ne sera que par 2, 3 tout au plus.

Division. — On décomposera les produits formés dans la multiplication. Le diviseur ne sera que rarement plus grand que 10.

Dans tous ces exercices, dans ceux de récapitulation surtout, on devra rechercher la marche la plus simple et la plus commode sans se préoccuper de ce qui se fait dans le calcul écrit : les instruments sont différents ; les procédés ne peuvent être les mêmes.

Ainsi, dans le problème suivant : j'ai reçu 15 francs en argent et 12 fr. en or ; je dépense 18 francs. Que me reste-t-il ?

Il semble naturel de dire 15 + 12 = 27 ; 27 — 18 = 19. un enfant dressé d'après notre méthode dira : je paye d'abord avec les 15 francs en or ; je donne ensuite 3 francs en argent ; j'en avais 12, il m'en reste 9.

Si j'ai à calculer ce que je dois payer pour 5 mètres de drap à 7 francs le mètre et 5 à 3 francs, je ne dirai pas 5 mètres à 7 francs font 35 francs et 5 mètres à 3 francs font 15 francs, en tout 35 + 15 = 50. Mais bien 5 mètres à 7 francs et 5 mètres à 3 francs font la même somme que 5 mètres à 10 francs, soit 50 francs, etc.

Un maître attentif ne laissera échapper aucune des simplifications qu'il rencontrera. Les enfants s'habitueront vite à le reconnaître et à en faire leur profit.

VINGT A VINGT-NEUF

Prenez 10 crayons de la main gauche et 9 de la main droite. Cela vous en fait ?... Prenez encore 1 crayon dans la main droite. Vous en avez dans cette main ?... Vous avez donc dans chaque main 10 crayons ou une dizaine de crayons ; en tout, 2 dizaines. Ces 2 dizaines s'appellent *vingt*. Montrez 20 crayons..., écrivez 20 au tableau...**XX** Qu'est-ce donc que 20 ? Combien de dizaines dans 20 ?

Prenez maintenant 20 crayons de la main gauche et 1 de la main droite ; vous en avez 21.

Qu'est-ce donc que 21 crayons ?...

Prenez encore 1 crayon. Vous en avez ?...

Qu'est-ce donc que 22 crayons ?...

Voilà encore 1 crayon. Vous en avez ?...

Encore 1 ; vous en avez ?...

Prenez 25 crayons..., 26..., 27..., 28..., 29...

Ecrivez au tableau 21 — XXI, 22 — XXII, 23 — XXIII, etc.

Prenez 23 crayons ; encore 4, vous en avez ?...

Prenez 5 crayons ; je vous en donne 20 ; vous en avez ?

Voilà 13 crayons ; prenez-en encore 10. Cela vous en fait ?...

Voilà 10 crayons ; prenez-en encore 17 ; cela vous en fait ?...

Prenez 13 crayons. Encore 12 ; vous en avez dans la main gauche ?..., dans la droite ?... En tout ?...

Ecrivez au tableau, 13 .... X . III
— 12 .... X . II
En tout.............. XX . IIIII

Vous avez 2 pièces de 10 francs et une de 5 francs. En tout ?...

Vous avez acheté 1 pantalon de 20 francs et une blouse de 8 francs. En tout ?...

La corde de votre cerf-volant a 22 mètres ; vous l'allongez de 5 mètres. Quelle longueur a-t-elle ?...

Vous achetez pour 14 sous de sucre et pour 10 sous de café. Combien devez-vous payer ?

Vous avez 10 francs en or et 15 francs en argent. Combien avez-vous en tout ?

Jules a 13 billes et son frère 12. Combien en ont-ils ensemble ?

Henri a 15 bons points ; il en gagne 13 : combien en a-t-il ?

Jules est parti depuis 15 jours, il reviendra dans 7 jours. Combien aura duré son absence ?

J'ai une marchandise qui me coûte 18 francs ; combien dois-je la vendre si je veux gagner 6 francs ?

Henri avait 18 ans à la mort de son père ; et il y a 7 ans que son père est mort ; quel est l'âge d'Henri ?

Votre petit frère est resté 13 mois en nourrice : il y a 9 mois qu'il en est revenu ; quel est son âge ?

Combien font 20 et 3 ?... 22 et 6 ?... 9 et 20 ?... 12 et 10 ?... 10 et 15 ?... 13 et 14 ?... 15 et 8 ?... 7 et 16 ?...

Prenez 26 crayons. Donnez-m'en 6 ; il vous en reste ?... Et si vous m'en donnez 20 ?...

Prenez 29 crayons ; posez-en 7. Il vous en reste ?...

Voilà 25 crayons ; je vous en donne 10 ; il m'en reste ?... Et si je vous en donne 15 ?...

Prenez 23 crayons. Donnez-m'en 9 : il vous en reste ?...

J'avais 25 billes ; j'en perds 5 ; il m'en reste ?... Et si j'en avais perdu vingt ?...

Jules a 27 francs et Henri 20. Qui en a le plus ?

Jules a une pièce de 20 francs et une de 5 ; Paul a une pièce de 10 francs. Combien a-t-il de moins que Jules ?

Jules a 27 billes blanches et rouges ; il en a 14 blanches ; combien de rouges ?

Vous aviez 25 lignes à écrire ; vous en avez déjà fait 9. Combien vous en reste-t-il à faire ? Et quand vous en aurez fait 15 ?...

Henri partira le 22 du mois. Nous sommes au 14. Dans combien de jours partira-t-il ?

De 29, j'ôte 9... 20 ? Il reste ?...

De 28, j'ôte 5 ?... 7 ?...

De 27, j'ôte 10 ?... 17 ?... 13 ?... 14 ?... 9 ?... 18 ?...

Tracez 2 traits sur une ligne et faites 10 lignes semblables. Combien y a-t-il de traits ?

Tracez 3 traits sur une ligne et faites 6 lignes semblables : cela en fait ?...

Tracez 7... 8... 9 lignes... En tout ?...

Tracez 4 traits et faites 5 lignes semblables. Cela en fait ?...

Tracez 6... 7... lignes. En tout ? Jules et Paul, levez tous vos doigts ; il y a 4 mains et combien de doigts ?

Qu'Ernest lève aussi les doigts de sa main droite. En tout, il y en a ?...

Prenez 6 crayons dans chaque main. Jules en prendra autant. Combien aurez-vous de crayons à vous deux?...

Faites 2... 3... 4 parts de 7 crayons chacune. En tout?...

Faites 2... 3 parts de 8... 9 crayons. Cela fait en tout?

Levez vos 10 doigts. Jules aussi. Combien de doigts levés?...

Tracez 11 traits sur une ligne et faites deux lignes semblables. Combien y a-t-il de traits?...

Tracez 2 lignes de 12... en tout?

Ecrivez 13 au tableau X . | | |

Encore une fois..... X . | | | en tout?...

Faites de même pour 14.

Combien y a-t-il de gants dans 10 paires?...

Le mètre d'étoffe coûte 3 francs. Combien coûtent 7... 8... 9... mètres?...

J'achète 3 mètres d'étoffe à 7... 8... 9 francs le mètre. Combien dois-je payer?...

Combien de quarts d'heure dans 5... 6... 7 heures?...

Je fais 5... 6... 7 kilomètres dans une heure; combien dans 4 heures?...

Votre frère gagne 5 francs par jour. Combien en 4... 5 jours?...

J'écris 6 pages en une heure. Combien en 4 heures?...

Combien y a-t-il de jours en 3... 4 semaines?...

Le mètre de soie coûte 16 francs. Combien coûtent 2 mètres?...

Et si le mètre coûtait 11... 12... 13... 14 francs?

Combien font donc 2... 3... 4... 9 fois 2... 3?...

    —   font 2... 3... 4... etc. 7 fois 4?...

    —   font 2... 3... 4... 5 fois 5?...

    —   font 2... 3... 4 fois 6... 7?...

    —   font 2... 3 fois 8... 9?...

    —   font 2 fois 10?...

Prenez 20 crayons. Partagez-les en 2. Chacun en a?...

Faites-en 10 parts. Chacune est de?...

Partagez ces 20 crayons entre 4... entre 5. Chacun en aura?...

Faites avec ces 20 crayons des parts de 2... de 10... de 4... de 5... Il y en a?...

Prenez 22 crayons ; donnez-en la moitié à votre voisin. Chacun en a?...

Rangez ces 22 crayons par paire... Il y en aura?...

Prenez 24 crayons. Faites-en 2... 4... 8... 3... 6 parts égales. Chacune est de?...

Faites avec ces 24 crayons des parts de 2... de 12... de 4... de 8... de 3... de 6. Il y en aura?...

Prenez 25 crayons. Faites-en 5 parts égales. Chacune est de?...

Ecrivez 26 au tableau (XX . | | | | | |)

Ecrivez-en la moitié — (X . | | |)

Prenez 27 crayons. Partagez-les en 3... 9 parts. Chacune est de?...

Tracez 3 traits sur une ligne et faites des lignes semblables jusqu'à ce que vous ayez 27 traits. Combien avez-vous de lignes?...

Et s'il y avait 9 traits dans chaque ligne?...

Prenez 28 crayons. Partagez-les en 2... 4... 7 parts égales. Chacune est de?...

Faites avec ces 28 crayons des parts de 4... de 7... de 14... Il y en.a?...

Jules a 20 francs en pièces de 10 francs. Combien a-t-il de pièces?... Et si c'étaient des pièces de 2 francs...?

Henri a gagné 20 francs en 10 jours. Combien a-t-il gagné par jour?...

J'ai fait 20 pages en 2 heures. Combien de pages par heure?...

Henri a gagné 21 billes en 3 parties. Combien par partie?...

On a 3 billes pour un sou. Combien coûtent 21 billes?...

Ernest a gagné 21 francs en 7 jours, Combien par jour?...

Combien y a-t-il de semaines dans 21 jours?...

Vous avez 22 pommes pour votre frère et vous. Combien pour chacun?...

Votre mère vous a acheté 6 chemises pour 24 francs : combien a-t-elle payé la chemise?...

Si elle n'avait eu que 4 chemises pour la même somme, quel serait le prix d'une seule?...

On donne 6 billes pour un sou. Combien coûtent 24 billes?...

Et si l'on n'en donnait que 4 pour 1 sou?...

J'achète 3 mètres de toile pour 24 francs. A combien revient le mètre?...

Jules gagne 3 francs par jour. Combien mettra-t-il de temps à gagner 24 francs?...

Combien y a-t-il d'œufs dans 2 douzaines?...

Henri a 25 francs en pièces de 5 francs. Combien a-t-il de pièces?...

Un courrier a fait 21 kilomètres en 2 heures ; combien par heure?...

Nous avons 27 francs à partager entre 3... entre 9... Quelle sera la part de chacun?...

On plante des arbres à 3 mètres l'un de l'autre le long d'une allée de 27 mètres. Combien en plantera-t-on?...

Je mets 27 litres d'eau-de-vie dans des barils de 9 litres. Combien m'en faudra-t-il?...

Combien y a-t-il de semaines dans 28 jours?...

J'ai fait 28 pages en 7 heures. Combien par heure?...

Une salle carrée a 28 mètres de tour. Quelle est la longueur d'un côté?...

Une personne dépense 28 francs par semaine. Quelle est sa dépense par jour!...

Ainsi la moitié de 20 est de?...

La moitié de 22... 24... 26... 28?...

Le tiers de 21... de 24... de 27?...

Combien de fois 3 dans 21... 24... 27?...

Quel est le quart de 20... de 24... 28?...

Combien de fois 4 dans 20... 24... 28?..

Combien de fois 5 dans 25?...

Quel est le sixième de 24?...

Combien de fois 6 dans 24?...

Quel est le septième de 21... de 28?...

Quel est le huitième de 24... le neuvième de 27?...

Trouver la moitié de 21... 23... 25... 27... 29?...

Quel est le quart de 21... 22... 23... 25... 26... 27... 29?...

Trouver le cinquième de 21... 22... 23... 24... 26... 27... 28... 29... etc.

J'ai 15 francs en or et 12 en argent; j'en dépense 18. Que me reste-t-il?...

J'achète 4 mètres de soie à 7 francs le mètre. Je n'ai pour payer que 2 pièces de 10 francs. Combien me manque-t-il?...

J'ai 4 brocs contenant chacun 6 litres de vin que je veux mettre dans des brocs de 8 litres. Combien m'en faudra-t-il?...

Vous avez 2 douzaines d'œufs; vous en cassez 3; il vous en reste?...

Vous avez 5 pièces de 5 francs; vous achetez un pantalon de 9 francs, un gilet de 4 francs et un chapeau de 7 francs. Que vous reste-t-il?...

8 litres d'eau-de-vie payés 3 francs le litre ont été vendus 29 francs. Quel bénéfice a-t-on fait?...

En vendant 29 francs 8 litres d'eau-de-vie, on gagne 5 francs. Combien avait-on payé le litre?...

Un verger contient 4 rangées de 7 arbres, tant pommiers que poiriers. Il y a 13 pommiers : combien de poiriers?...

J'ai 23 francs; j'achète un volume de 5 francs et des volumes à 3 francs avec le reste de mon argent. Combien ai-je de volumes en tout?...

J'ai 17 pommiers et 11 poiriers sur 4 rangées égales. Combien d'arbres dans chaque rangée?...

Et s'il y avait 7 rangées?...

J'achète 5 timbres-poste à 3 sous et 6 à 2 sous. Combien dois-je payer?...

Pour 28 francs j'ai acheté 6 mètres d'étoffe à 4 francs le mètre et 8 mètres de doublure. Combien coûte le mètre de doublure?

TRENTE A TRENTE-NEUF.

Prenez 20 crayons de la main gauche et 9 de la droite : cela vous en fait?... Prenez encore un crayon de la main droite; vous en tenez dans cette main?... Vous avez donc 2 dizaines d'une main, une dans l'autre : en tout?...

Ces 3 dizaines s'appellent *trente*.

Prenez 30 crayons... Ecrivez au tableau 30... **XXX**
Combien de dizaines dans 30?...

Qu'est-ce que trente?...

Prenez maintenant 30 crayons de la main gauche et 1 de la droite; vous en avez 31.

Qu'est-ce donc que 31 crayons?...

Prenez encore 1 crayon : vous en avez?...

Qu'est-ce donc que 32 crayons?...

Voilà encore un crayon; vous en avez?...

Prenez 34 crayons... 35... 36... 37... 38... 39 crayons...

Ecrivez au tableau 31 **XXX . I** , 32 **XXX . II** , etc.

Qu'est-ce donc que 33?... 34?... 39?...

Prenez 32 crayons; encore 4; vous en avez?...

Prenez 6 crayons; encore 30; vous en avez?...

Voilà 15 crayons; prenez-en encore 10... 20. Cela vous en fait?...

Voilà 10 crayons; prenez-en 28. Cela en fait?...

Prenez 15 crayons; encore 23; vous en avez dans la main gauche?... dans la droite?... En tout?...

4

Ecrivez au tableau 15... X . |||||
—   23.. XX . |||
En tout... XXX . ||||| |||

Jules a une pièce de 20 francs et une de 10. Combien en tout?...

J'ai 3 pièces de 10 francs et une de 5. En tout?...

Vous avez acheté du charbon pour 30 francs, de la braise pour 7 francs. Combien devez-vous payer?...

Vous étiez 34 en classe ; 5 nouveaux sont arrivés. Combien êtes-vous maintenant?...

Vous avez 24 billes, on vous en donne 10. Vous en avez?...

Vous avez une pièce de 10 francs; on vous donne 27 francs. Vous avez?...

Jules a 15 billes blanches et 22 de couleur; combien en tout?...

Votre mère a 26 ans; quel âge aura-t-elle dans 6 ans?...

J'ai acheté un pantalon de 19 francs et un chapeau de 13 francs. Combien dois-je payer?...

J'ai dans mon jardin 20 pommiers, 10 poiriers et 4 cerisiers. Combien d'arbres en tout?...

Combien font 30 et 6?... 32 et 7?... 9 et 30?... 20 et 10?... 25 et 10?... 22 et 14?... 29 et 7?... 18 et 15?... etc.

Prenez 37 crayons; donnez-m'en 7; il vous en reste?... Et si vous m'en donnez 30?...

Prenez 38 crayons; donnez-m'en 6; il vous en reste?...

Voilà 38 crayons; je vous en donne 10... 20; il m'en reste?... Et si je vous en donne 28... 18?...

Prenez 36 crayons; donnez-m'en 12. Il vous en reste?... Et si vous m'en donnez 22?...

Prenez 34 crayons; donnez-m'en 8... 18; il vous en reste?...

Jules a 36 billes ; il vous en donne 6 ; il lui en reste?...

Le père de Paul a aujourd'hui 36 ans ; il avait 30 ans quand Paul est né : Quel âge a Paul?...

En revendant 39 francs une certaine marchandise, j'ai gagné 6 francs. Combien l'avais-je payée?...

J'avais 32 billes avant de jouer ; je n'en ai plus que 20. Combien en ai-je perdu?...

J'avais 32 billes : j'en ai perdu 12. Il m'en reste?...

Votre père a 37 ans et votre mère 31 ; quel est le plus âgé?... de combien?...

J'ai 37 francs ; j'en dépense 24 ; il m'en reste... Et si j'en dépense 13?...

Un homme qui a les 4 dernières dents (qu'on appelle dents de sagesse) en a 32 ; s'il n'a point de dents de sagesse, combien en a-t-il?...

Juillet a 31 jours et février 28... quel est le plus long? de combien de jours?...

De 38, j'ôte 8. Il reste?... Si j'ôte 30?... 20?... 10?...

De 39, j'ôte 13... 26?...

De 33 j'ôte 8... 17... 16... Il reste?...

Tracez 3 traits sur une ligne et faites 10 lignes semblables. Combien de traits?...

Tracez 4 traits sur une ligne et faites 8... 9 lignes semblables. Combien de traits?...

Tracez 5 traits sur une ligne et faites 6... 7... lignes semblables. Combien de traits?...

Faites 5... 6 lignes de 6 traits. Combien de traits?...

Jules et Ernest, prenez chacun 7 crayons dans chaque main ; j'en prends aussi 5 d'une main. Combien de crayons en tout?...

Prenez maintenant 8 crayons dans chaque main. Il y en a en tout?...

Si vous en prenez 9?...

Tracez **2, 3** lignes de **12** traits; cela en fait?... Et si les lignes sont de **13**?...

Tracez **2** lignes de **14**... de **15**...

Ecrivez **16** au tableau. **X** . ||||||

Encore une fois...... **X** . ||||||

En tout............ **XX** . |||||||||||| ou **XXX** . ||

Vous êtes **10** au cercle; combien me faut-il de plumes pour vous en donner à chacun **3**?...

Le mètre d'étoffe coûte **4** francs. Combien coûtent **8, 9** mètres?...

J'achète **4** mètres d'étoffe à **8**... **9** francs le mètre. Combien dois-je payer?...

On a **5** doigts dans une main. Combien dans **6**... **7** mains?...

Dans une semaine, il y a **5** jours de classe à **6** heures par jour. Combien d'heures de classe dans une semaine?...

Et si la journée était de **7** heures?...

Votre père gagne **6** francs par jour. Combien gagne-t-il en **5** jours?... en **6** jours?...

Combien y a t-il de jours en **5** semaines?...

Le mètre de soie vaut **10** francs. Combien valent **3** mètres?...

Et si le mètre valait **11**... **12**... **13** francs?...

J'ai **15** francs en argent et autant en or. Combien en tout?...

La corde de votre cerf-volant a **16** mètres; vous la doublez; quelle est sa longueur?...

Un courrier fait **17** kilomètres par heure; combien en **2** heures?...

Il y a **18** lignes dans une page de votre cahier: combien en **2** pages?...

Et si chaque page était de **19** lignes?...

Combien font **2**... **3**... **4**... **9** fois **3**?...

—   **2**... **3**... **4**... **9** fois **4**?...

—   **2**... **3**... **4**... **7** fois **5**?...

—   **2**... **3**... **4**... **6** fois **6**?...

—   2... 3... 4... 5 fois 7?...
—   2... 3... 4 fois 8?...
—   2... 3... 4 fois 9?...
—   2... 3 fois 10?...

Prenez 30 crayons; donnez-m'en la moitié. Nous allons déjà prendre chacun une dizaine; nous prenons ensuite chacun la moitié de la dizaine et nous avons chacun en tout?...

Faites 15 parts de ces 30 crayons. Chacune est de?...

Partagez ces 30 crayons entre 3... entre 10... entre 5... entre 6. Chacun en aura?...

Faites avec ces 30 crayons des parts de 3... 10... 5... 6... Il y en a?...

Voilà 32 crayons; faites-en 2 parts égales. Chacune est de?...

Rangez ces 32 crayons par parts de 16. Il y en aura?...

Prenez 33 crayons; faites-en 3 parts égales; chacune est de?...

Faites-en 11 parts; chacune est de?...

Ecrivez 3 traits sur une ligne. Combien faut-il de lignes semblables pour faire 33 traits?...

Et s'il y avait 11 traits dans chaque ligne?...

Prenez 34 crayons; donnez-en la moitié à votre voisin. Vous savez déjà que la moitié de 30 crayons est de 15 crayons. Vous en avez donc 4 à partager. Cela fait en tout pour chacun?...

Prenez 35 crayons; faites en 5... 7 parts égales. Chacune est de?...

Rangez ces 35 crayons par groupes de 7... de 5. Il y en a?...

Partagez 36 crayons en 2... 3... 4... 9... 6 parties égales.

Faites avec ces 36 crayons des parts de 12... de 4... de 9... de 6. Il y en a?...

Prenez 38 crayons; donnez-m'en la moitié. Nous en avons chacun?...

———

Jules a 30 francs en pièces de 10 francs. Combien a-t-il de pièces?...

Votre frère a gagné 30 francs en 10 jours. Combien par jour?...

Un courrier a fait 30 kilomètres en deux heures. Combien en une heure?...

Le litre de vin coûte 15 sous. Combien a-t-on de litres pour 30 sous?...

5 mètres d'étoffe ont coûté 30 francs. Combien le mètre?...

Le mètre d'étoffe coûte 6 francs. Combien en a-t-on pour 30 francs?...

Et si le mètre coûtait 5 francs?...

On a partagé en 2 parties égales une pièce de toile de 32 mètres. Quelle est la longueur de chaque moitié?...

On a 2 crayons pour 1 sou. Combien coûtent 32 crayons?...

Nous avons 32 francs à partager entre 4. Combien aurons nous chacun?...

Et si nous étions 8?...

On a 4 plumes pour un sou. Combien coûteront 32 plumes?...

Et si l'on avait 8 plumes pour 1 sou?...

33 arbres sont plantés sur 3 rangées. Combien sur chaque rangée?...

33 soldats marchent par files de 3. Combien y a-t-il de files?...

Il y a 34 arbres sur les 2 côtés d'une allée. Combien sur un côté?...

Combien me faut-t-il de seaux contenant chacun 17 litres pour loger 34 litres de vin?...

5 pains de sucre de même poids pèsent 35 kilos. Combien pèse un pain?...

7 autres pains égaux pèsent 35 kil. Combien pèse un pain?..

Combien faut-il de pièces de 5 francs pour faire 35 francs?...

Combien 35 jours font-ils de semaines?...

36 enfants vont sur 2 rangs. Combien dans chaque rang?..

Combien faut-il de pièces de 2 francs pour faire 36 francs?...

Nous avons 36 pommes à partager entre 4. Combien chacun en aura-t-il?...

Et si nous étions 9 pour les partager?...

36 dragons marchent par files de 4. Combien de files?...

Combien aurai-je de mètres d'étoffe à 9 francs pour 36 francs?...

On coupe en 2 parties égales une corde de 38 mètres. Quelle longueur a chaque moitié?...

Combien faut-il de paires de gants pour faire 38 gants?...

Quelle est la moitié de 30?... de 32?... de 34?... de 36?... de 38?...

Quel est le tiers de 30?... de 33?... de 36?... de 39?...

Combien de fois 3 dans 30?... 33?... 36?... 39?...

Quel est le quart de 32?... 36?...

Combien de fois 4 dans 32?... 36?...

Quel est le cinquième de 30?... de 35...

Quel est le sixième de 30?... de 36?...

Combien de fois 6 dans 30?... 36?...

Quel est le septième de 35?... le huitième de 32?... le neuvième de 36?... le dixième de 30?...

Trouver la moitié de 31,... 33,... 35,... 37,... 39?...

Quel est le tiers de 31,... 32,... 34,... 37,... 38?...

Quel est le quart de 30?... de 31?... de 33?... de 34?... de 35?... de 37?... de 38?... de 39?... etc., etc.

J'ai une pièce de 20 francs, une de 10 et une de 5. Combien ai-je en tout?...

J'achète un pantalon de 19 francs, un chapeau de 10 francs et des souliers de 10 francs. Combien dois-je?...

Avec 2 barils de vin, l'un de 20, l'autre de 17 litres, je remplis un broc de 28 litres. Combien me reste-il de litres?...

Jules a 25 francs en or et 13 en argent; Paul a 20 francs en or et 17 en argent. Qui en a le plus? Combien de plus?...

Vous achetez 2 mètres de soie à 12 francs le mètre et 2 mètres de mérinos à 5 francs le mètre. Combien devez-vous payer?...

Vous achetez 5 litres d'eau-de-vie à 4 francs et 5 litres à 3 francs le litre. Combien devez-vous payer?...

J'avais 4 brocs contenant chacun 9 litres de vin. Avec ce vin je remplis 5 brocs de 7 litres. Combien reste-t-il de vin?...

J'achète 3 mètres de drap à douze francs le mètre. Combien aurai-je de mètres à 9 francs pour la même somme?...

J'ai eu 2 mètres de drap pour 30 francs et vous, 3 pour 39 francs. Qui a payé le plus cher?...

J'avais 34 kilomètres à faire; j'en fais 5 par heure et je marche depuis 6 heures. Combien m'en reste-il à faire?...

11 mètres de toile m'ont coûté 30 francs. Combien dois-je revendre le mètre pour gagner 3 francs?...

En vendant 39 francs 7 mètres d'étoffe je gagne 4 francs. Combien ai-je payé le mètre de cette étoffe?...

QUARANTE — QUARANTE-NEUF.

Au point où nous sommes arrivés, nous supposons l'enfant assez familiarisé avec les nombres pour qu'on puisse restreindre l'emploi des objets matériels, qui seront supprimés après la précédente leçon. Le maître n'aura plus à y revenir qu'accidentellement, quand par exemple il aura un calcul un peu plus difficile ou quand il verra l'attention des élèves distraite ou fatiguée.

Prenez 30 crayons de la main gauche et 9 de la droite; cela vous en fait?... Prenez encore un crayon de la main droite : vous en tenez dans cette main?... Vous avez donc 3 dizaines d'une main et une dans l'autre. En tout?... Ces 4 dizaines s'appellent *quarante*.

Prenez 40 crayons... Ecrivez au tableau quarante : **XXXX**... Combien de dizaines dans 40?...

Prenez maintenant 40 crayons de la main gauche et 1 de la droite; vous en aurez 41.

Prenez encore un crayon; vous en avez?...

Ecrivez au tableau 41 (**XXXX . I**) , 42 (**XXXX . II**) , 43 (**XXXX . III**) etc.

Jules a une pièce de 20 francs et 2 de 10. Combien en tout?...

Votre père a 40 ans. Quel âge aura-t-il dans 5 ans?...

Vous achetez pour 42 francs de bois et pour 7 francs de charbon. Combien devez-vous payer?...

Vous avez 34 sous; on vous en donne 10. Cela vous en fait?...

Vous avez 10 billes; on vous en donne 32. Vous avez?...

J'ai dans mon jardin 22 poiriers et 25 pommiers. Combien d'arbres en tout?...

Jules a 25 billes; on lui en donne 9. Combien en a-t-il?...

Et si on lui en donne 19?...

Une maison a 10 ouvertures au rez-de-chaussée, 18 au premier et 20 au second étage. Combien d'ouvertures en tout?...

Combien font 40 et 8?... 43 et 5?... 20 et 20?... 10 et 30?... 25 et 20?... 23 et 25?... 38 et 7?... 29 et 14?...

Jules a 45 billes; il en perd 5. Il lui en reste?...

Votre père a 43 ans; votre mère 40. Qui est le plus âgé. De combien?...

J'ai 47 francs; j'en dépense 20. Il m'en reste?...

Jules a 48 francs en or et en argent; il a 20 francs en or. Combien en argent?...

Le cheval a 42 dents; l'homme 32. Lequel en a le plus?... Combien de plus?...

J'ai payé 49 francs un pantalon et un paletot. Le pantalon est de 22 francs. De combien est le paletot?...

Une somme de 41 francs se compose d'une pièce de 5 francs et de petite monnaie. Quelle est la valeur de la monnaie?...

Jules avait 42 billes; il en a perdu 17. Combien lui en reste-t-il?

De 49, j'ôte 8... 5, il reste?...

Si j'ôte 40?... 20?... 30?...

De 47, j'ôte 23?... 34?...

De 45, j'ôte 7,... 17,... 29... Il reste?...

Ecrivez 23 au tableau...   **XX · |||**

Encore une fois.......   **XX · |||**

En tout............   **XXXX · ||||||**

Le mètre de soie coûte 10 francs. Combien 4 mètres?...

Vous êtes 10 au cercle. Combien me faut-il de plumes pour vous en donner à chacun 4?...

Combien de centimes font 8... 9 sous?...

J'achète 5 mètres d'étoffe à 8... 9 francs le mètre. Combien dois-je payer?...

Un piéton fait 6 kilomètres à l'heure. Combien en 7... 8 heures?...

Je gagne 7... 8 francs par jour. Combien en 6 jours?...

J'ai 20 francs en or et autant en argent. Combien ai-je en tout?...

J'ai 2 barils contenant chacun 23 litres. Combien ai-je de litres en tout?...

Jules et Ernest ont chacun 2 douzaines de pommes. Combien en ont-ils à eux deux?...

Combien font 2... 3... 4... 9 fois 5?...

—   2... 3... 4... 8 fois?...

Combien font 2... 3... 4... 7 fois 7?...
   —   2... 3... 4... 6 fois 8?...
   —   2... 3... 4... 5 fois 9?...
   —   2... 3... 4 fois 10?...
   —   2 fois 20... 21... 22... 23... 24?...

Jules a 40 francs en pièces de 10 francs. Combien a-t-il de pièces?...

Nous sommes 10 pour partager 40 pommes. Combien chacun en aura-t-il?...

Si nous étions 4 à partager ces 40 pommes?...

40 dragons sont rangés par files de 4. Combien de files?..

On partage en 2 une pièce d'étoffe de 40 mètres. Quelle est la longueur de chaque moitié?...

Combien faut-il de pièces de 20 francs pour faire 40 francs?...

Combien 40 centimes font-ils de sous?...

5 mètres d'étoffe ont coûté 40 francs. Combien le mètre?..

On a rangé 40 arbres sur 8 lignes. Combien sur une ligne?...

Un ouvrier a fait 40 heures en journées de 8 heures. Combien a-t-il travaillé de jours?...

Jules a gagné 42 billes en 6 parties. Combien a-t-il gagné par partie?...

Et s'il les avait gagnées en 7 parties?...

On donne 6 billes pour 1 sou. Combien coûtent 42 billes?...

Et si l'on donnait 7 billes pour 1 sou?...

Une classe de 42 élèves a 2 divisions égales. Combien d'élèves par division?...

Et si la classe était de 44 élèves?... De 46 élèves?...

Une salle carrée a 44 mètres de tour. Quelle est la longueur de chaque côté?...

Un courrier a fait 45 kilomètres en 5 heures. Combien en une heure?...

Combien faut-il de pièces de 5 francs pour faire 45 francs?...

Votre père gagne 48 francs dans une semaine. Combien gagne-t-il par jour?...

Et s'il mettait 8 jours à gagner ces 48 francs?...

On donne 6 plumes pour 1 sou. Combien coûtent 48 plumes?...

Et si l'on donnait 8 plumes pour 1 sou?...

Combien faut-il de semaines pour faire 49 jours?...

Une famille dépense 49 francs par semaine. Combien par jour?...

Quelle est la moitié de 40,... de 42,... de 44,... de 46,... de 48?...

Quel est le tiers de 42,... de 45,... de 48?...

Combien de fois 3 dans 42,... 45,... 48?...

Quel est le quart de 40,... 44,... 48?...

Combien de fois 4 dans 40,... 44,... 48?...

Quel est le cinquième de 40,... 45?...

Combien de fois 5 dans 40,... 45?...

Quel est le sixième de 42,... 48?...

Combien de fois 6 dans 42,... 48?...

Quel est le septième de 49?...

Quel est le huitième de 40,... 48?...

Quel est le dixième de 40?...

Combien de fois 8 dans 40,... 48?...

Trouver la moitié de 41,... 43,... 45,... 47,... 49?...

— le tiers de 41,... 43,... 44,... 45,... etc?...

— le quart de 41,... 42,... 43,... 45,... 46,... etc?...

J'ai une pièce de 20 francs, une de 10 et 2 de 5. Combien ai-je en tout?...

J'achète un paletot de 25 francs, un gilet de 12 francs et un chapeau de 10 francs. Combien dois-je payer?...

J'ai 3 barils contenant l'un 26 litres, l'autre 12 et le troisième 8. Combien en tout?...

J'ai 49 pommes dans 3 paniers; le premier en contient 16; le second 13. Combien dans le troisième?...

J'ai 25 francs en or et 22 en argent; je dépense 27 francs. Combien me reste-t-il?...

J'ai 49 francs, j'achète 6 mètres de drap à 7 francs le mètre. Combien me reste-t-il?...

Et si j'avais acheté 7 mètres?...

J'avais 48 kilomètres à parcourir; j'en fais 6 à l'heure et je marche depuis 6 heures. Dans combien de temps serai-je arrivé?...

Jules va acheter 4 douzaines d'œufs; il en casse 5 en route. Combien lui en reste-t-il?...

J'ai 4 pains de sucre de chacun 6 kilos et 4 autres de chacun 4 kilos. Quel est le poids de tous ces pains?...

En revendant 49 francs 2 mètres de velours, je gagne 5 francs. Combien avais-je payé le mètre?...

J'achète 6 mètres de drap pour 38 francs; je veux gagner 10 francs sur mon marché. Combien devrai-je revendre le mètre?...

1 franc en argent pèse 5 grammes. Quel est le poids de 3 pièces de 2 francs et de 3 pièces de 1 franc?...

J'ai acheté 6 mètres de drap pour 42 francs. Combien aurai-je eu de mètres à 6 francs le mètre pour la même somme?...

Je mets 4 douzaines d'oranges dans des vases qui en peuvent contenir chacun 8. Combien me faut-il de vases?...

Vous avez payé 6 mètres de drap 42 francs. Combien aurez-vous payé 7 mètres de ce drap?...

Votre frère devait rester 45 jours absent; il est parti depuis 6 semaines. Dans combien de jours reviendra-t-il?

Combien doit-on payer pour 2 douzaines de crayons à 2 sous pièce?...

CINQUANTE — CINQUANTE-NEUF

Qu'est-ce que 49 unités?

R. — C'est 4 dizaines et 9 unités.

Si vous y ajoutez une unité, vous aurez?...

R. — J'aurai 4 dizaines et une dizaine ou 5 dizaines.

On appelle ces 5 dizaines 50.

Qu'est-ce donc que 50?

Si vous ajoutez 1 à 50, vous avez 51.

Ecrivez au tableau 51 **XXXXX . I**

Ajoutez un trait : vous avez?...

Ecrivez 52... 53... 59...

Qu'est-ce donc que 62?... 63?... 69?...

J'achète pour 40 francs de vin et 10 francs de bière. Combien dois-je payer?

J'ai une pièce de 50 francs et une de 5. Combien en tout?

Nous en étions ce matin à la page 53 de notre livre de lecture, nous avons lu 6 pages ; à quelle page sommes-nous?

J'ai 30 francs en or et 27 en argent. Combien en tout?

J'ai un baril de 25 litres et un autre de 32. Combien contiennent-ils ensemble?

J'achète pour 22 francs de drap, 26 francs de toile et 10 francs de mérinos. Combien dois-je payer?

Votre père a 49 ans, quel âge aura-t-il dans 5 ans?

La corde de votre cerf-volant a 39 mètres; vous l'allongez de 11 mètres. Quelle est sa longueur?

J'achète un paletot de 28 francs, un pantalon de 13 francs et un chapeau de 10 francs. Combien dois-je payer?

Combien font 30 et 20?... 50 et 9?... 30 et 21?... 22 et 30?... 52 et 7?... 42 et 13?... 49 et 6?... 29 et 26?...

J'ai 58 francs dont 50 en or et le reste en argent; combien en argent?

J'avais 57 billes, j'en ai perdu 7. Combien m'en reste-t-il?

En vendant une marchandise 59 francs, je gagne 6 francs. Combien l'avais-je payée?

J'ai 50 francs, mon frère 30, qui en a le plus? Combien de plus?

J'ai 52 francs, j'en dépense 20, il m'en reste?...

J'ai payé 56 francs un pantalon et un paletot, le paletot est estimé 36 francs. Combien le pantalon?

Vous avez écrit 55 lignes en deux heures; pendant la première, vous en avez fait 28. Combien dans la seconde?

De 56 j'ôte 6?... 50?... il reste?... de 52 j'ôte 20?... de 54 j'ôte 32?... 9?... 28?...

Combien valent 10 pièces de 5 francs?

Et 5 pièces de 10 francs?

Combien coûtent 5 mètres de drap à 11 francs le mètre?

Vous êtes 6 sur un banc, combien êtes-vous sur sept?... huit?... neuf bancs?...

J'achète 6 mètre de drap à 8... 9 francs le mètre. Combien dois-je payer?

Combien y a-t-il de jours en 8 semaines?

Une famille dépense 8 francs par jour. Quelle est sa dépense par semaine?

On donne 9 billes pour 1 sou. Combien pour 6 sous?

J'ai 25 francs en or et autant en argent. Combien ai-je en tout?

J'ai lu 26 pages hier et autant aujourd'hui. Combien ai-je lu de pages dans mes deux jours?

Et si j'en avais lu 27?... 28?... 29?... chaque jour?...

Combien font 2... 3... 4... 5... 6... 7... 8... 9 fois 6?...

    —   2... 3... 4... 5... 6... 7... 8 fois 7?...

    —   2... 3... 4... 5... 6... 7 fois 8?...

    —   2... 3... 4... 5... 6 fois 9?...

    —   2... 3... 4... 5 fois 10?...

    —   2 fois 25?... 26?... 27?... 28?... 29?...

Vous avez 50 francs en pièces de 10 francs. Combien avez-vous de pièces?

Et si vos pièces étaient de 5 francs?...

Nous sommes 10 pour partager 50 francs. Combien aurons-nous chacun?

Et si nous n'étions que 5?...

Vous coupez en deux parties égales un ruban de 52 centimètres de long; quelle sera la longueur de chaque moitié?

Et si vous le coupiez en quatre?...

Et si le ruban avait 53 centimètres?...

On veut placer 54 élèves sur 6 bancs. Combien sur 1 banc? Et s'il y avait 9 bancs?...

On plante 54 arbres par lignes de 6. Combien y a-t-il de rangées? Et si les rangées étaient de 9?

Il y a 54 arbres sur les deux côtés d'une avenue. Combien y en a-t-il de chaque côté?

Combien 55 centimes valent-ils de sous?

Nous sommes 5 pour partager 55 francs. Combien aurons-nous chacun?

Et si nous étions 11 pour faire ce partage?...

Le mètre de drap vaut 11 francs. Combien en a-t-on pour 55 francs?

Combien y a-t-il de semaines dans 56 jours?

On paye 7 sous pour 56 billes. Combien a-t-on de billes pour un sou?

Votre père a reçu 56 francs pour 8 journées de travail. Combien la journée lui a-t-elle été payée?

Un père de famille économise 8 francs par semaine; combien lui faut-il de semaines pour amasser 56 francs?

Nous sommes deux pour partager 56 francs. Combien avons-nous chacun?

Et si nous avions 57... 58... 59 francs à partager;

Quelle est la moitié de 50?... 52?... 54?... 56?... 58?...

Quel est le tiers de 51?... 54?... 57?...

Quel est le quart de 52?... 56?...

Quel est le cinquième, le dixième de 50?...

Combien de fois 5... 10 dans 50?

Quel est le sixième, le neuvième de 54?

Combien de fois 6, de fois 9 dans 54?

Quel est le septième, le huitième de 56?

Combien de fois 7 dans 56? combien de fois 8?...

Trouver la moitié de 51... 53... 55... 57... 59?...

Le tiers de 50... 52... 53... 55... 56... 58... 59?...

Le quart de 50... 51... 53?... etc.

J'ai deux pièces de 20 francs et une de 10. Combien ai-je en tout?

J'ai dans mon jardin 10 pêchers, 20 pommiers et 25 poiriers. Combien d'arbres en tout?

Pour faire un habit, un tailleur paie 25 francs pour l'étoffe, 20 francs pour la façon. Combien doit-il le vendre pour gagner 12 francs?

J'achète du drap pour 42 francs, de la toile pour 12 francs. Je revends le tout 59 francs. Quel est mon bénéfice?

J'ai 40 francs en or, 18 en argent; je dépense 30 francs. Combien me reste-t-il?

Combien pèsent ensemble 6 pains de sucre de 5 kilos et 4 de 7 kilos?

Je tire 5 brocs de 6 litres et 4 de 5 litres d'un baril de 58 litres. Que reste-t-il dans le baril?

J'ai 4 douzaines de pêches que je dépose dans 3 paniers qui en peuvent contenir chacun 17. Si 2 paniers sont pleins, combien y aura-t-il de pêches dans le troisième?

J'ai mis 6 heures pour écrire 54 pages; Jules a mis 5 heures pour en écrire 50. Qui écrit le plus vite?

J'ai acheté 7 mètres d'étoffe à 3 francs le mètre et 6 mètres à 5 francs le mètre. Combien dois-je payer?

SOIXANTE — SOIXANTE-NEUF.

Qu'est-ce que 59 unités!
R. — C'est 5 *dizaines et* 9 *unités.*
Si vous ajoutez une unité, vous aurez?
R. — J'aurai 5 dizaines et une dizaine ou 6 dizaines.
On appelle ces 6 dizaines : *soixante.*
Qu'est-ce donc que 60?
Si vous ajoutez 1 à soixante, vous aurez 61.
Ecrivez 61 : **XXXXXX · I**
Ajoutez 1 trait, vous avez?...
Ecrivez 62, 63,... 69?
J'ai 50 francs en or et 10 en argent. Combien en tout?...
Votre grand père a 60 ans. Quel âge aura-t-il dans 4 ans?...
Jules a 63 billes; il en gagne 6. Il en a?...
J'ai 40 francs en or et 28 en argent. Combien en tout?...
J'achète du bois pour 32 francs, du charbon pour 34 francs. Combien dois-je payer?...
J'achète une marchandise 58 francs. Combien dois-je la vendre pour gagner 6 francs?...
Vous avez écrit 37 lignes ce matin et 25 ce soir. Combien en tout?...
Combien font 30 et 30?... 40 et 20?... 60 et 7?... 25 et 40?... 63 et 6?... 42 et 26?... 58 et 6?... 29 et 37?...

Vous avez 68 billes et Jules 60. Qui en a le plus?...
Vous aviez 65 centimes; vous achetez 1 livre de 60 centimes. Combien vous reste-t-il?...

Votre grand père a 69 ans, votre grand'mère 6 de moins. Quel âge a votre grand'mère?...

J'ai 60 francs dont 40 en or et le reste en argent. Combien en argent?...

Un courrier avait 62 kilomètres à faire; il en a fait 30 Combien lui en reste-t-il?...

67 élèves sont placés sur 2 bancs: 32 sur l'un. Combien sur l'autre?...

J'ai 62 billes; j'en perds 25. Il m'en reste?...

De 67 j'ôte 7, j'ôte 60. Il reste?...

De 68 j'ôte 6?...

De 60 j'ôte 30,... 40?...

De 62 j'ôte 40?...

De 66 j'ôte 23,... 39?...

Dans une classe, il y a 10 bancs de 6 élèves. Combien d'élèves dans la classe?...

Combien coûtent 6 mètres d'étoffe à 10 francs le mètre?

Et si le mètre coûtait 11 francs?...

Combien y a-t-il de jours en 9 semaines?...

Une famille dépense 9 francs par jour. Combien en une semaine?...

Il faut 8 minutes pour faire un kilomètre. Combien faut-il de temps pour faire 8 kilomètres?...

Combien valent 3 pièces de 20 francs?...

J'ai 30 francs en or et autant en argent. Combien en tout?...

J'ai acheté 2 mètres de velours à 32 francs le mètre. Combien dois-je payer?...

Et si le mètre coûtait 33 francs?... 34 francs?...

Combien y a-t-il d'oranges dans 5 douzaines?...

Combien font 2... 3... 4... 5... 6... 7... 8 fois 7?...

  — 2... 3... 4... 5... 6... 7... 8 fois 8?...

  — 2... 3... 4... 5... 6... 7 fois 9?...

  — 2... 3... 4... 5... 6 fois 10?...

  — 2 fois 30... 31... 32... 33... 34?...

Vous avez 60 francs en pièces de 10 francs. Combien avez-vous de pièces?...

Et si les pièces étaient de 5 francs?...

Nous sommes 10 pour partager 5 douzaines de pommes. Combien chacun en aura-t-il?...

Et si nous n'étions que 5?... Si nous étions 12?... Si nous étions 6?...

Il y a 60 minutes dans une heure. Combien dans une demi-heure?... Dans un quart d'heure?...

Je fais 2 lignes par minute. Combien mettrai-je de temps pour faire 60 lignes?...

Et si je faisais 4... 5... 6 lignes à la minute?...

Je coupe en deux parts égales une corde de 62 mètres de long. Quelle longueur a chaque moitié?...

Une famille dépense 63 francs par semaine. Combien par jour?...

Et si elle dépensait ces 63 francs en 9 jours?...

Combien me faut-il de jours pour gagner 63 francs, si je gagne 9 francs par jour?...

Et si je gagnais 7 francs par jour?...

Il y a 64 arbres sur les 2 côtés d'une allée. Combien d'arbres de chaque côté?...

Et si l'allée avait 66... 68 arbres?...

Une cour carrée a 64 mètres de tour. Quelle est la longueur de chaque côté?...

Et si la cour avait 66... 68 mètres?...

Nous sommes 3 pour partager 69 pommes. Combien en aurons-nous chacun?...

On a 3 billes pour 1 sou. Combien coûtent 69 billes?...

Quelle est la moitié de 60... 62... 64... 66... 68?...

Trouver le tiers de 60... 63... 66... 69?...

— quart de 60... 64... 68?...

— cinquième de 60... 65?...

— sixième... le dixième de 60?...

Combien de fois 6... 10 dans 60?...

Trouver le septième,... le neuvième de 63?...

Combien de fois 7?... 9?... dans 63?...
Trouver le huitième de 64?...
    — la moitié de 61... 63... 65... 67... 69?...
    — le tiers de 61... 62... 64... 65... 67... 68?...
    — le quart de 61... 62... 63... 65... etc?...

J'ai 2 pièces de 20 francs, 2 de 10 et une de 1. Combien en tout?...

J'achète 1 pantalon 15 francs, 1 paletot 25 et 1 gilet 10 francs. Combien dois-je payer?...

J'ai 35 francs en or et 32 francs en argent ; j'en dépense 45. Combien me reste-t-il?...

J'ai 69 oranges dans 3 corbeilles ; il y en a 21 dans la première, 23 dans la seconde. Combien dans la troisième?

Je verse 4 brocs de chacun 15 litres dans 2 barils de chacun 33 litres ; les barils sont-ils pleins?... De combien s'en faut-il?...

Je mets 5 douzaines de pêches dans des corbeilles qui en peuvent tenir 15 chacune. Combien me faut-il de corbeilles?

7 mètres de drap m'ont coûté 54 francs. Combien dois-je revendre le mètre pour gagner 9 francs?...

En revendant 64 francs 6 mètres de drap, je gagne 10 francs. Combien avais-je payé le mètre?...

SOIXANTE-DIX — SOIXANTE-DIX-NEUF.

Il nous a semblé inutile de donner aux trois leçons qui vont suivre le même développement qu'aux premières. Le principe de la méthode étant bien admis, le maître, le moniteur même, fera facilement ces leçons sur le modèle des précédentes. Nous allons seulement indiquer les gradations à observer dans chaque opération; il ne s'agira plus que de composer des problèmes qui conduiront aux calculs proposés comme modèles.

---

60 + 10; 40 + 30; 70 + 7; 40 + 35; 72 + 5;
33 + 45; 66 + 9; 27 + 48.

---

76 — 6; 76 — 70; 70 — 30; 78 — 40; 76 — 4;
78 — 32; 74 — 8; 74 — 26.

Combien font 2... 3... 4... 5... 6... 7... 9 fois 8?...
—   2... 3... 4... 5... 6... 7... 8 fois 9?...
—   2... 3... 4... 5... 6... 7 fois 10?...
—   2 fois 35,... 36,... 37,... 38,... 39?...

Trouver la moitié de 70... 72... 74... 76... 78?...
—   le tiers de 72... 75... 78?...
—   le quart de 72... 76?...
—   le sixième de 72... 78?...
—   le septième, le dixième de 70?...
—   le huitième, le neuvième de 72?...
Combien de fois 9,... 8, dans 72?...
Combien de fois 7,... 10, dans 70?...

QUATRE-VINGT — QUATRE-VINGT-NEUF.

70 + 10; 50 + 30; 80 + 6; 40 + 43; 25 + 62;
78 + 9; 49 + 36.

85 — 5; 85 — 80; 80 — 30; 86 — 40; 89 — 5;
86 — 24; 83 — 9; 87 — 29.

Combien font 2... 3... 4... 5... 6... 7... 8... 9 fois 9?...

— 2... 3... 4... 5... 6... 7... 8 fois 10?...

— 2 fois 40... 41... 42... 43... 44... 45?...

Trouver la moitié, le quart de 80... 82... 84... 87... 88?...

— le cinquième de 80... 85?...

— le huitième de 80... 88?...

— le neuvième de 81?...

— le dixième de 80?...

Combien de fois 8... 10 dans 80?...

Combien de fois 9 dans 81?...

QUATRE-VINGT-DIX — QUATRE-VINGT-DIX-NEUF

80 + 10; 60 + 30; 90 + 7; 40 + 54; 36 + 62;
89 + 8; 59 + 37.

96 — 6; 96 — 90; 90 — 50; 98 — 60; 99 — 6;
97 — 35; 92 — 7; 91 — 54.

———

Combien font 2... 3... 4... 5... 6... 7... 8... 9 fois 10?...

— 2 fois 45... 46... 47... 48... 49?...

Trouver la moitié, le quart de 90... 92.... 94... 96...
—   le neuvième, le dixième de 90?... .
Combien de fois 9... 10 dans 90?...

CENT.

Qu'est-ce que 99?...
R. — C'est 9 dizaines et 9 unités.
Si à ce nombre vous ajoutez une unité, vous avez?...
R. — 9 dizaines et une dizaine ou 10 dizaines.
On appelle ces 10 dizaines une *centaine* ou 1 *cent*.
Qu'est-ce donc qu'une centaine?...
Combien faut-il de dizaines pour faire une centaine?...

Pour paraître prochainement :

COURS DE CALCUL MENTAL

A L'USAGE

DES COURS SUPÉRIEURS DES ÉCOLES PRIMAIRES,

DES COURS D'ADULTES ET DES ÉCOLES NORMALES PRIMAIRES

Par Ch. FLEURIOT

CHARLEVILLE. — IMPRIMERIE. DEVIN ET Cie, RUE DE CLEVES, 14.

www.ingramcontent.com/pod-product-compliance
Ingram Content Group UK Ltd.
Pitfield, Milton Keynes, MK11 3LW, UK
UKHW031819170726
13836UKWH00003B/1469